国家职业资格培训教程

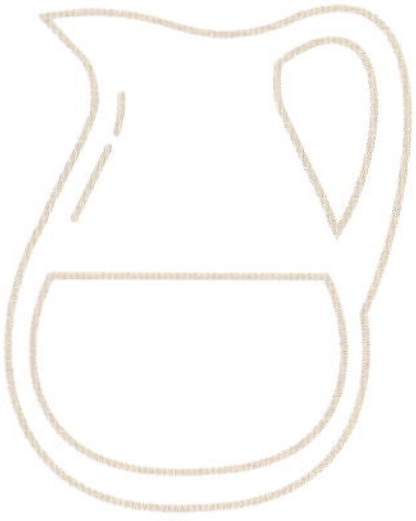

调饮茶理论与实践

张士康　陈燚芳　编著

中国轻工业出版社

图书在版编目（CIP）数据

调饮茶理论与实践 / 张士康，陈燚芳编著. —北京：中国轻工业出版社，2024.11
ISBN 978-7-5184-3409-1

Ⅰ. ①调… Ⅱ. ①张… ②陈… Ⅲ. ①茶饮料－制作 Ⅳ. ①TS275.2

中国版本图书馆CIP数据核字（2021）第032422号

责任编辑：贾 磊　　责任终审：劳国强　　设计制作：锋尚设计
策划编辑：贾 磊　　责任校对：朱燕春　　责任监印：张 可

出版发行：中国轻工业出版社（北京鲁谷东街5号，邮编：100040）
印　　刷：鸿博昊天科技有限公司
经　　销：各地新华书店
版　　次：2024年11月第1版第4次印刷
开　　本：889×1194　1/16　印张：16.25
字　　数：360千字
书　　号：ISBN 978-7-5184-3409-1　定价：198.00元
邮购电话：010-85119873
发行电话：010-85119832　010-85119912
网　　址：http://www.chlip.com.cn
Email：club@chlip.com.cn

242047K1C104ZBW

张士康

- 工学博士、正高级工程师
- 中华全国供销合作总社杭州茶叶研究院学术委员会主任
- 兼任全国茶叶标准化技术委员会副秘书长、中国茶叶流通协会专家委员会主任等

主要从事农副产品加工、茶叶资源高效利用研究及相关产业运作。

近十年，主持或参与“十一五”“十二五”国家科技支撑计划项目、“十三五”国家重点研发计划项目、国家农业成果转化工程项目、省部级农业成果转化工程项目及企业委托科研技术工程项目等40余项。获国家发明专利12项，获中国商业联合会科技进步特等奖1项、一等奖3项，浙江省科技进步二等奖2项，出版著作《中国茶产业优化发展路径》《中国茶酒文化》等4部，发表美国SCI收录、EI收录和中文核心期刊论文50余篇。

陈燚芳

- 国家一级茶艺师、国家一级评茶师
- “浙江工匠”培养项目人员
- 师承浙江大学茶学大师童启庆教授
- 生活美学研究与实践者，素业茶院创办人

2006年获“国家技术能手”称号，浙江大学茶艺教练，浙江旅游职业技术学院客座教授，杭州科技职业技术学院客座教授，福建省武夷学院校外导师，2015年米兰世博会中国大学生茶艺团副团长、2016中国杭州G20峰会等茶事活动主要策划人，著有《一方茶席》。

序一

中国是茶树的发源地，茶园面积、产量和消费量均居世界首位。作为风靡全球的饮品，茶叶的健康作用机制不断被现代科学所揭示。全球160多个国家（地区）近30亿人有饮茶习惯，为了肯定茶叶在健康和减少贫困方面的特殊作用，联合国将每年的5月21日定为“国际茶日”。茶业是我国的优势产业，其健康发展有独特意义。随着人民生活水平的大幅度提高，人们的消费重心逐渐向提高生活品质转移。就调饮茶而言，人们开始注重品质、感官和饮用体验。自野生茶树的发现到今天琳琅满目的调饮茶饮品，千年的饮茶发展史源于人们对于感官体验的不断探索，正是这样不舍的追求，推动着我国乃至世界茶产业的不断发展提升，特别是近年来兴起的调饮茶更是成为满足人们物质和精神追求的重要载体。并且，伴随着新零售、消费升级和网红经济的发展浪潮以及消费者行为变化对于消费场景提出的新要求，调饮茶逐渐成为饮料行业乃至消费品行业增长较快、投资热度较高的产业。然而，在当前的经济发展新形势下，消费者对调饮茶的整体认知不足，调饮茶核心产品的定位与创新以及对调饮茶文化价值的塑造与推广存在明显缺陷，加快推进调饮茶产业的全面优化升级是关系到我国茶产业纵深发展的重要问题，更是推动调饮茶产业突破固有思维束缚、实现跨越发展的关键所在。与此同时，调饮茶一方面具有较为广阔的消费市场，另一方面产品质量良莠不齐并且同质化严重，导致消费需求与生产供给严重不平衡，市场不良竞争不断加剧，给行业的可持续、快速发展带来巨大挑战。面对激烈的市场竞争环境，了解调饮茶产业的发展概况和历程，准确把握不同群体消费者的偏好和多层次的需求，对于调饮茶生产企业把握发展机遇，实现调饮茶产业的快速发展具有较为重大的现实意义。

《调饮茶理论与实践》一书重点介绍调饮茶产业的生产与消费市场，对于今后调饮茶企业扩大市场规模，刺激二三线消费市场的开发以及强化消费者对调饮茶的认知与购买行为具有重要的借鉴作用。该书在调饮茶市场及消费等环节进行的系统阐述，不仅为该领域的学者提供了明晰的研究框架，更为企业、政府相关部门的决策提供了参考。

该书作者张士康具有食品学科的专业背景和产业经营的工作经验，作者陈燚芳是国家级茶艺大师，在茶文化传播和茶艺创新上有独到的教学和实践心得。作者在研究过程中展现出较深厚的学术素养和创新的学术理念。同时，作者在调饮茶的生产及其相关的消费、政策研究领域均提出独到的见解，以开放的视野关注国内外最新研究动态，在展现研究的科学性和前沿性的同时，坚持开展实践调查，立足调饮茶产业的实际情况，以期通过自身的努力为优化调饮茶产业提供指引和借鉴。

是为序。

中国工程院院士、湖南农业大学教授

刘仲华

序二

《调饮茶理论与实践》一书，是中华全国供销合作总社杭州茶叶研究院原院长张士康教授及其研究团队深入全国众多调饮茶生产企业、消费场所，投入大量时间和精力所凝聚的成果结晶。

该书综合运用计量经济学、行为经济学、心理学、产业经济学、社会学和管理学等多学科方法，借助产业布局理论、产业组织理论、消费者行为理论以及消费者认知决策理论等作为研究基础，从调饮茶的文化传承、生产现实和发展困境，消费者态度与意愿研究以及实际案例等不同模块，研究了调饮茶产业与市场的发展现状与未来趋势。在理论层面，该书首次在国内对调饮茶的概念和分类做出了科学阐述，对调饮茶的调配原则和价值表达做出系统性的梳理；在实证层面，该书较为全面地分析了全国不同品类的调饮茶企业的生产情况以及消费者对不同品类调饮茶的认知与购买状况。

该书的出版填补了国内调饮茶领域基础研究的空白，解决了调饮茶产业中面临的亟待解决的问题，其学术水平与价值居于国内领先水平，且具有较强的应用价值。与此同时，作者在调饮茶的生产及其相关的消费、政策研究领域均提出独到的见解，以开放的视野关注国内外最新研究动态，积极提高研究的科学性和前沿性，坚持开展实践调查，立足调饮茶产业生产实际，躬行践履，为调饮茶市场发展的全面优化提供参考和新的思路。

因此，该书对调饮茶生产及消费领域的全面系统的阐述可有效促进科技成果转化，带动传统产业转型升级，不仅为该领域的学者提供了明晰的研究框架，更为企业、政府相关部门的决策提供了参考，对于今后调饮茶企业扩大市场规模，刺激二三线城市消费市场的开发以及强化消费者对调饮茶的认知与购买行为具有重要的借鉴作用。

云南农业大学校长、教授

序三

随着“90后”消费群体和女性消费者的崛起，调饮茶产业发展迅猛，这不仅极大丰富并创新了传统茶饮市场，而且在传统快消品饮料的市场中占有举足轻重的地位，预测有千亿级的市场规模，有望成为茶产业的下一个“风口”。然而，目前国内外学者对调饮茶的相关研究却相对滞后，研究成果有限，缺乏系统的、深度的研究，在这样的背景下，《调饮茶理论与实践》一书应运而生。

该书系统、全面地研究了调饮茶产业，内容分为三部分。理论与产业篇对调饮茶的相关研究进行梳理，合理、科学地界定了调饮茶的概念，分析其内涵，研究了调饮方式的演变过程，为后续研究奠定了理论基础，并指出了现阶段我国调饮茶产业发展面临的困境，提出了相关对策建议，具有较高的专业性；市场与消费行为篇分析了我国不同类型消费市场的发展现状及消费特征，通过数理统计分析研究了消费者对调饮茶购买行为的影响因素，具有较高的科学性和学术性；实证案例篇按照调饮茶的分类，从原料选择、器具搭配、调配比例等多个方面进行详细解读，具有较强的实用性与可操作性。

该书是张士康教授团队深入研究、共同努力的成果结晶，体现出较高的写作水平和极为丰富的专业知识水平，理论意义与现实意义兼备，具有较高的学术价值和应用价值，在积极培育新兴产业、切实改善民生福祉、促进科技创新与经济社会发展深度融合方面具有积极意义。除此之外，该书同时还向广大读者科普了调饮茶的相关知识，内容丰富，受众广泛，具有较强的出版价值。

浙江大学茶叶研究所所长、教授
王岳飞

前言

“十三五”期末，中国茶叶的一二三产关联产业规模逾8000亿元，传统茶叶供给与消费诉求都呈现多元的产业发展形态。六大茶类里，只有绿茶产值突破1100亿元，抹（粉）茶产业、新式调饮是另外两个可以实现千亿级产业规模的产业形态。调饮茶以其独特的时尚、健康、文化等多元属性，深得年轻一族的追捧，不断诞生现象级产品和诸如排队购物等热点话题。研究调饮茶产业是茶行业高质量发展的需要，是新时代新消费的需要。

由于我国供给侧结构性改革步伐的不断加快，调饮茶产业的结构升级不仅仅包括过去的单一产业组织路线方面的探索，还应包括不同市场主体之间的关联分析等方面的研究，从而形成全面、系统、深入的产业发展理论支撑。笔者在大量宏观资料和微观调查数据的基础上，运用计量经济学、行为经济学、心理学、产业经济学、社会学和管理学等多学科方法，借助产业布局理论、产业组织理论、消费者行为理论以及消费者认知决策理论等作为研究基础理论，从调饮茶的文化传承、生产现实、发展困境，消费者态度与意愿以及实际案例等模块进行研究与探讨。全书共分上、中、下三篇，上篇详细介绍了调饮茶在国内外的历史演变，对调饮茶的概念和分类做出科学阐述，并对调饮茶的调配原则和价值表达做出系统性梳理，分析调饮茶属性，借助钻石模型分析调饮茶的发展环境和驱动因素，进而分析产业发展所存在的问题并提出相应的对策建议；中篇从整体层面分析了目前调饮茶消费市场，借助大样本的数据实验结果，分析了消费者对调饮茶的认知水平、态度和购买行为的差异，并在此基础上运用Logistic回归模型等，研究影响消费者对调饮茶购买意愿及支付意愿的因素；下篇依据上篇中对调饮茶的分类，分别从原料选择、器具搭配、调配比例等诸多方面对茶与酒调饮，茶与花调饮，茶与水果调饮，茶与奶调饮，茶与植物调饮，茶与茶调饮六大类调饮茶进行了详细地案例解读，有助于读者快速掌握相关调饮茶的调配方法，提高消费者对调饮茶的认知。

目前，我国调饮茶产业的发展仍然处于转型升级的关键时期，各种茶饮品类之间的竞争非常激烈，产业发展极为迅速，需要学者们以敏锐的洞察力对调饮茶产业展开深入分析。然而，目前我国尚未有学者针对调饮茶展开系统、专业的研究。基于此，本书作者深入全国各大调饮茶生产企业、消费场所，投入大量的时间和精力，全面调查了全国不同品类大型调饮茶企业的发展情况以及消费者对不同品类调饮茶的认知与购买状况，同时以宏观统计数据作为补充，丰富数据的多样性，从不同层面和角度展开对调饮茶产业的分析，在一定程度上填补了国内相关研究的空白。

当然，在条件和资源有限的情况下，本书也存在一定的不足之处。考虑到调饮茶产业近年来的快速发展，生产行为和消费者行为多样而复杂，本书聚焦调饮茶龙头企业的生产和销售情况，以及消费者认知、态度、购买意愿等方面进行具体表述，可能难以全面深刻反映全国整体情况，也难以准确反映产业随时间而变化的脉络。即使如此，本书对当前调饮茶市场的探索性研究依然具有积极的研究意义，期待能够为促进调饮茶产业的发展提供借鉴。

由于时间紧迫及编著者知识储备不足，纰漏与错讹之处在所难免，敬请读者斧正！

目录

第一篇
调饮茶基础理论

第一篇

调饮茶基础理论

第一章 调饮茶发展历史与内涵

随着人民生活水平的提高，消费观念的转变以及信息多元化的发展，消费者饮茶偏好的多样化也将成为必然趋势。其中，调饮茶行业在近几年发展迅猛，特别是受到以“90后”为代表的新消费群体和女性消费者的欢迎，甚至抢占了传统快消品饮料的市场，预测将形成千亿级市场规模，是茶饮业的下一个“风口”。然而，目前国内学者对调饮茶的相关研究却相对滞后，研究成果较少，且主要集中于知识科普和新闻报道，缺乏一定的研究深度。在这样的背景下，本章梳理了学者对调饮茶的相关研究，合理、科学界定调饮茶的概念，分析其内涵，研究调饮方式的演进过程并对调饮茶进行分类，以期为后续研究提供理论基础。

一、调饮茶的演进

在查阅相关文献的基础上，梳理调饮茶在中国和其他国家的历史演化过程，为下一步深入阐述调饮茶的概念和内涵奠定坚实的基础。

（一）中国

中国是世界上最早发现、栽培和利用茶叶的国家，饮茶历史源远流长，调饮茶与茶艺、茶道相伴而生，历史也极为悠久。但是在不同的时期，“调饮茶”这一专有名称包含的内容和表现形式并不相同，其内涵也相差甚远。

具体而言，调饮茶始于三国时期（公元220—280年）。随着当时团茶、面茶、茶粥等广泛传播，饮茶成为文人雅士、寺院僧侣和皇室君臣所推崇的风雅之事，饮茶的方式和流程也因此得到发展，调饮茶成为其中一个分支。当时的主流调饮法是在茶汤中加入各种配料，如将姜、椒、桂等和茶叶烹之，即最早的调饮茶。例如，三国时代张揖撰写的《广雅》一书，将调饮法记载为：“荆巴间采茶作饼，叶老者，饼成，以米膏出之。欲煮茗饮，先炙令赤色，捣末，置瓷器中，以汤浇覆之，用葱、姜、橘子芼之。其饮醒酒，令人不眠。”晋朝时（公元265—420年），郭义恭撰写的《广志》中详细记载：“茶丛生，真煮饮为茗茶。茱萸檄子之属膏煎之，或以茱萸煮脯胃汁为之，曰：茶有赤色者。亦米和膏煎曰：无酒茶。”上述茶的调配或烹制方法，属于调饮茶范畴，后人研究中也多有追记。

至唐宋时期（公元618—1279年），调饮法逐渐开始盛行，茶的伴饮佐料也日益丰富，大致分为三类，即辛辣型、花香型和食物型。辛辣型佐料，大都为有强烈辛辣味的药性植物，如葱、姜、茱萸、苏桂、花椒、薄荷等，并随地域和民族的不同而具有一定的差异性。例如，宋代诗人苏辙的《和子瞻煎茶》中记载：“君不见，闽中茶品天下高，倾身事茶不知劳。又不见，北方茗饮无不有，盐酪椒姜夸满口”，大意为北方烹水煮茶时，一般都加入盐、奶酪、花椒、生姜等佐料，并认为其味尤佳。花香型佐料主要为各种植物的花朵，其香气可增加茶的清香。食物型佐料的种类则较为繁杂，较为常见的是核桃、松子、芝麻等食品。该种调饮方法沿用至元代，如书画家倪云林居住无锡惠山时，以惠山清泉煮茶，并将核桃、松子取仁儿捣碎并和上粉面，加水混合为白色块状物，与茶煮饮，即“清泉白石茶”。

明清时期（公元1368—1911年），清饮法成为中国茶饮主流方式，而调饮法则主要围绕花茶而发展，并辅以区域特色和民族茶俗不同而产生各式调饮茶。例如，“熬茶用大叶茶，同牛乳煮至百沸，用长杓搅汤，活之以盐，名曰酥油茶。”这种风尚一直沿袭至今。

在当代（公元1949年—至今），我国调饮茶则主要以新式茶饮和工业化瓶装茶饮料的形式不断发展。其中，工业化瓶装茶饮料最早由中国台湾传入大陆地区。20世纪90年代，工业化瓶装茶饮料在台湾已极为盛行。1994年，茶饮料在台湾饮料市场的占有率达到35%以上，销售值达138.6亿新台币，改变了饮料市场结构。其中，乌龙茶饮料为龙头产品。中国大陆地区茶饮料的开发与生产始于1993年，台湾顶新国际集团等专业制造商开始进入中国大陆市场，其开发生产的冰红茶、冰绿茶系列逐渐风靡大陆，我国茶饮料生产开始迈向新台阶。进入21世纪以来，中国茶饮料消费市场的发展速度更是惊人，几乎以每年30%的速度增长。目前，我国茶饮料占饮料消费市场19%左右的份额。

此外，茶饮料的原料和工艺也逐渐升级。2010年之前，速溶茶、茶浓缩汁等产品广泛地应用于工业化瓶装茶饮料、杯装冲泡调饮茶和新式茶饮等调饮茶的制作。2010年之后，传统制茶工艺和技术不断取得改进与创新，“现泡”“原叶”“直接萃取”等概念生产的瓶装茶饮料日益盛行。与此同时，基于上述工艺和消费者需求的变化，新式茶饮也不断创新与发展其品牌和种类也层出不穷，以喜茶、奈雪的茶为代表的连锁现制茶饮店数量高速增长。与传统奶茶店不同，新式茶饮店原料选用天然的现泡茶和新鲜牛奶等，产品趋于健康化、高端化。美团点评数据显示，2019年全国新式茶饮门店数已达50万家。据第一财经商业数据中心和奈雪的茶发布的《2020新式茶饮白皮书》预测，我国新式茶饮市场规模将超过1000亿元。因此，调饮茶在我国的消费市场广阔，具有较大的发展潜力和前景。

（二）欧美等地区

公元17世纪我国茶叶传入英国，因价格昂贵，故仅有皇室人员饮用。初期，人们不适应茶的苦涩味，遂加入糖来调和，即调饮茶的雏形。随后，红茶与牛奶配制而成的调饮茶日益盛行，茶由清饮逐渐发展为调饮。由于该种调饮茶不仅具有较好的营养功效，而且满足不同消费层次人群口感上的需要，使得饮用调饮茶的风尚迅速普及至各阶层的消费者，茶叶人均年消费量大大增加，上升至4千克左右，大大高于我国的平均水平。目前，世界各国的饮茶习俗大多加入辅料，以改善茶的口感。饮用红茶的国家，以英国为代表，加入牛奶、方糖等配料调配而成的调饮红茶成为英式下午茶文化的主要载体。饮用绿茶的国家则偏好加入方糖、薄荷、柠檬和其他果汁，调配而成的调饮茶既有茶的醇味，又有水果的清香，可满足各类人群对于口味、营养等方面的需要。但是总体而言，大部分国外消费者偏好以红茶为基底的调饮茶，如西亚、欧洲等地区。

随着时代的发展和社会的进步，人们的工作和生活节奏相应加快。为满足现代消费者的需求，美国率先研发速溶茶并于20世纪60年代投入工业生产。20世纪70年代末，美国SNAPPLE公司开始生产冰茶系列饮料，并建立了第一条全天然成分的茶饮料生产线，成为美国软饮料发展最快的公司，并在冰茶市场占据主要地位，约占美国市场份额的30%以上。目前，该公司的即饮茶饮料共有十几个品种，销售额以每年50%的速度递增。

亚太地区的瓶装茶饮料则起源于日本。日本伊藤园公司于1981年推出350毫升罐装乌龙茶饮料，带动了日本罐装乌龙茶饮料的发展和消费热潮。1985年，伊藤园成功开发并规模化生产罐装绿茶饮料，再次兴起大众青睐绿茶饮料的新风尚。日本是国际茶饮料产业的风向标，无论茶饮料品种、品质和品牌均列全球前茅。2009年，日本茶饮料市场规模为800亿元，占整个饮料市场的30%，种类分别为绿茶、红茶、乌龙茶、混合茶和麦茶。

整体而言，目前生产茶饮料的国家（地区）主要有日本、美国、英国、印度尼西亚、中国等。其中，日本以生产绿茶、乌龙茶饮料为主，美国主要生产冰茶饮料，印度尼西亚以生产花茶饮料为主，中国以生产绿茶、红茶饮料为主（台湾地区以生产乌龙茶和绿茶饮料为主）。

二、调饮茶的概念界定与内涵分析

调饮茶的发展历史由来已久，但这一名词是近几年随着新式茶饮迅速崛起才渐渐被广大消费者所熟知的。如何对调饮茶进行概念的界定以及如何理解调饮茶的深刻内涵，引发了众多学者的广泛关注。

（一）调饮茶的概念

广义而言，调饮茶是以茶叶为原料，混合其他物料调配而成的可以饮用的茶饮品，或是在茶冲泡的过程中，向茶汤内添加一些既可以调味，又可以增加茶汤营养成分的佐料形成的茶饮品。很多学者又将这一概念细化，如孙云等（2005）学者认为调饮茶又称调配型茶饮料，是以茶叶为主体，添加果汁、糖奶、香精、食用酸、花草甚至中草药等配料中的一种或几种，经过摇制或调和而成的茶饮料。谢丰镐等（2016）学者更倾向于从消费者的口感和偏好的角度定义调饮茶，即以茶汤为基础，根据个人口味，再加入蜂蜜、糖、酒、花、奶等辅料，使茶的口感丰富多彩，调配出适合各类人群的口感。

进入21世纪以来，随着人们生活水平的提高、健康意识的增强，消费者对调饮茶的需求层次不断提升，并逐渐向天然、营养和健康的方向转变。以统一、康师傅为龙头的瓶装茶饮料市场规模占饮料市场的比重接近20%，而喜茶、奈雪的茶、一点点、茶颜悦色等新式茶饮品牌更是开启了调饮茶品类多样化的新时期。伴随着消费者需求的升级与转型，调饮茶的内涵和种类不断延伸。基于调饮茶产业现状，本章在上述学者研究结论的基础上，结合现阶段调饮茶的新工艺和新特征，对调饮茶做出如下界定，即以经过萃取、稀释速溶茶粉（汁）等工艺制备的茶汤作为基底，按一定原则和工序与花、果、糖、奶、酒等配料，通过色彩搭配、造型和营养成分配比等进行口味多元化调配，制成含有茶叶有效成分和风味的工业制成饮品或现配饮品。

（二）调饮茶的分类

调饮茶的种类繁多，目前流行的分类方式按照不同的分类依据主要可分为两大类。一类是按基底茶叶类型的不同来划分，可分为红调饮茶、绿调饮茶、乌龙调饮茶和花调饮茶等，但是该种分类方法，各类型调饮相互交叉重合。例如，茉莉花茶与陈化4～5年的白茶一起冲泡，是一种茶汤醇厚甜润并带有淡淡茉莉花香的调饮茶，但该类调饮茶如果按照基底的茶叶类型则难以划分。另外一种分类方式是按原辅料种类和加工方法不同来分，这种分类方式较为流行。例如，按照GB/T 21733—2008《茶饮料》，茶饮料可分为茶汤、复（混）合茶饮料、果汁茶饮料和果味茶饮料、奶茶饮料和奶味茶饮料、碳酸茶饮料、其他调味茶饮料以及茶浓缩液七大类。

此外，还有学者根据常见的茶饮口味，将调饮茶划分为茶叶熬煮加料咸味调饮式、茶叶配搭食品磨粉调饮式、红茶加料搭配甜味调饮式、茶叶加薄荷甜味调饮式、红茶泡调味冷饮式五种。国茶实验室创始人罗军将中国茶饮分为三个象限，传统泡饮茶为第三象限，现萃调饮茶和工业饮料茶分别为第二象限和第一象限。但随着调饮茶新工艺、新品种和新口味的不断涌现，这些分类方式已不能囊括所有的调饮茶种类，并且部分分类依据的科学性和合理性不足。总体而言，本书依据调饮茶的特征和表现形式不同，将调饮茶分为三大分支，即工业化瓶装茶饮料、杯装冲泡调饮茶和新式茶饮。

根据配料的不同，还可将现代的调饮茶分为六大类，即茶与酒调饮、茶与花调饮、茶与水果调饮、茶与奶调饮、茶与植物调饮、茶与茶调饮。

1．茶与酒调饮

茶酒调饮以适当比例的茶、酒为主要原料配制而成，包括六大茶类和蒸馏酒、发酵酒等。该类茶饮调制方法主要借鉴英式调酒的四大技法，分别为调和法、摇和法、兑和法、搅和法，集实用、简便、娱乐、观赏性于一体。制成品将茶与酒充分融合，茶味酒香，口感丰富，层次感强。

2．茶与花调饮

茶与花调饮以茶和花为主要原料配制而成，主要有桂花、菊花、梅花、玫瑰花、金银花、玉兰花等，该类饮品不仅具有茶的清香，更是兼具浓郁花果香以及一定的保健功能。例如，以玫瑰花和红茶为主要原料的玫瑰花茶，可以抑制和淡化脸上的斑点，延缓皮肤衰老并养颜护肤，尤其受到女性朋友的喜爱。

3．茶与水果调饮

该类调饮以茶和水果作为主要原料配制而成，即在冲泡茶叶时，加入各种水果或果汁调饮而成的水果茶，使茶汤融合水果的鲜艳色彩、清香味道、酸甜口感，深受人们的喜爱。在选择添加的水果时，应针对不同类型茶叶的特点。一般而言，红茶的口感较为柔和，几乎可以与任何水果搭配；白茶适合搭配的水果种类也相对丰富，草莓、哈密瓜、蓝莓、菠萝等均可；而绿茶则适合与较为清新的水果一起调配。

4．茶与奶调饮

该类调饮由茶和奶精、奶粉或新鲜牛奶作为主要原料配制而成，是现代流行调饮茶的主要种类之一。随着消费的不断升级，现有的奶茶调配更加注重品质，在原料选取上也更为健康，大多采用上等的茶叶，经过先进的萃取方式提取有效成分作为基底，并配以新鲜的牛奶，辅助添加动物奶油，全方位提升奶茶的口感。茶奶调饮不仅含有茶中的茶多酚、氨基酸、咖啡碱等物质，还含有牛奶中的蛋白质、脂肪、维生素及钙、铁等矿物元素，具有较高的营养和健康价值，受到广大消费者的喜爱。

5．茶与植物调饮

该类调饮以茶和植物作为主要原料配制而成，是具有一定药用功能的保健茶，常添加的植物有枸杞、玉米须、蒲公英、燕麦、甘草根等。例如，以绿茶为基底，添加玉米须、荔枝核等8种中药植物制成的健身营养茶，具有较好的降糖调脂保健功能。

6．茶与茶调饮

茶与茶的调饮是指将两种及两种以上不同种类的茶按一定比例混合而成的调配茶，该类饮品能够更好地保持茶叶的风味与品质的稳定。例如，茉莉花茶与龙井茶按照1∶1的比例沏水饮用，不仅具有花茶的浓郁芬芳，更是融合龙井茶的特有清香。

随着经济的快速发展和人们生活水平的提高，人们对于调饮茶的品位和要求也日益提升，调饮茶的种类日益丰富，口感、外观等也不断提升，大大带动了该产业的迅速发展，更多的消费者开始接受、喜爱并习惯调饮茶带来的丰富口味和独具内涵的品饮文化。

三、配制调饮茶的基本原则

配制高品质的调饮茶不应盲目或简单地模仿，应遵循协调性、特色性、简约性、科学性等原则，从而满足消费者各个层面的需求。

（一）协调性

配制调饮茶时应根据茶叶品种的不同，搭配不同的辅料，并配合相应的器具，从而达到味道、颜色、香气、意境等多方面的和谐统一。例如，红茶是全发酵茶，是六大茶类中适用性最广和包容性最强的茶类，味道醇和，可搭配的辅料极为丰富，是世界范围内最受欢迎的饮品之一。较为常见的是在红茶茶汤中加入糖、牛奶、柠檬片、玫瑰花、咖啡等。其中，红茶与牛奶、糖调饮，其香气更加馥郁，口感也越发香醇柔和。此外，调饮茶成品与茶具的搭配也应相得益彰。调饮茶的器具多为玻璃制或瓷制，如玻璃杯、盖碗等，应根据调饮茶的颜色选择适宜的器具。例如，玫瑰红茶中玫瑰的淡淡花香与红茶的甜香完美融合，白色杯底衬托汤色红艳、明亮，造型美观，如图1-1所示。

图1-1 玫瑰红调饮茶示例

与红茶相比，其他茶类则各有其独特风味，应针对其特点搭配不同的配料。例如，绿茶滋味清爽、鲜感强，若与柠檬、蜂蜜、茉莉花、金银花、槐花等搭配，不仅可减少绿茶的苦涩感，而且营养和健康功效更为突出。对普洱茶而言，则适合搭配玫瑰花、茉莉、贡菊、桂花、薰衣草等，既可以增加茶的香气，又能淡化普洱茶的陈味，并且还兼有养颜美容的功效。

（二）特色性

世界各国的饮茶习惯不同，历史、文化、经济和人文背景不同，其饮茶风俗也各具特色。配制调饮茶应在尊重国情和民俗的基础上，研究和开发产品配方和工艺。例如，乌克兰人偏爱甜茶，喜欢在茶里添加糖、果酱或蜂蜜等，并以此为基底添加朗姆酒等，调配类似于鸡尾酒的调饮茶；奥地利人则喜欢浪漫，花果茶极为流行，如薄荷茶、野莓果宝茶、奥地利风味红茶等。因此，调配调饮茶应针对不同国家消费者的喜好，因地制宜地调配具有民俗特色的调饮茶。

图1–2　鹿角巷“极光系列”海报
图片来源：鹿角巷官方网页（www.dhl–cg.com）。

就中国而言，随着调饮茶近几十年来的发展，产品辅料在原来的奶、水果等基础上增加芝士、奶油等新鲜元素，为消费者提供独特的饮用体验。不仅如此，调饮茶的包装器皿和空间布置也进一步升级，满足消费者个性化的需求。2016年，鹿角巷火遍台湾的“极光系列”被称为“史上最美的饮料”。除了饮品渐变分层的极光效果外，独特的瓶型也功不可没，如图1–2所示。此外，小茗同学的锯齿盖、茶π的方形圆口杯均在同类市场中脱颖而出，独特高颜值的瓶型引发市场热烈反响。

（三）简约性

调配调饮茶忌基本调品或辅料过多，或者多种重口味基底一同调配，一方面是为了保持产品稳定的性状，避免口感过于复杂，并在一定程度上保证利润率；另一方面是由于消费者消费观念的升级以及对健康生活理念的追求，调饮茶产品无需配料复杂多样，只需风味良好、健康营养即可。当前以“低糖、零脂、轻体”为标签的新式调饮茶摆脱了传统配料的复

图1-3 抹茶奶盖调饮

杂堆砌，仅通过牛奶、新鲜水果、芝士奶盖等简单配料，加上优质的原叶茶基底，调配出纯正的口味，赢得了广大消费者青睐，产业步入黄金发展期。以当下比较受欢迎的芝士奶盖茶为例，上层是浓郁的芝士奶盖，下层用清香的原叶茶作为基底，制作简约，毫不冗余。如图1-3所示。

（四）科学性

调配调饮茶应根据不同的季节、不同类型的消费者科学地进行调整和搭配。例如，在炎热的夏季，适宜调配薄荷柠檬绿茶，以清新绿茶作为基底，搭配薄荷香气与柠檬的酸爽，为消费者带来一丝清凉。而在寒冷的冬季，一杯热气腾腾的蜂蜜柚子红茶则更能给人带来温暖舒适的感觉。针对不同体质的消费者，调饮茶的配方也应科学调整。例如，阳虚体质的消费者，应忌食寒凉的饮品，推荐饮用以焙火程度比较高的乌龙茶或发酵后的红茶为基底的调饮茶，如生姜红茶、桂圆红枣茶等。其次，如果辅料的口味偏重则不适宜采用味道清淡的茶为基底。例如，杞菊延年茶一般可采用大宗绿茶或龙井茶、开化龙顶茶等冲泡，不宜采用白茶等滋味较清淡的茶，以免茶味单薄，使辅料喧宾夺主。再次，由于茶含有许多微量元素和活性物质，搭配的辅料也应遵循一定的科学性，避免各成分之间互相冲突、产生负面效应。例如，红茶不宜与红糖搭配。因为，红糖与红茶混合后，会抑制红茶的清热功效，起不到应有的保健效果。

调饮茶的制备过程和工艺同样应遵循科学性的原则，采用冷萃、冷泡或热泡工艺如何选择，时间、温度如何确定以及辅料添加的比例、先后顺序等都应在最大程度利用有效物质的同时，确保调饮茶的外观、口感满足消费者的需求。

（五）健康性

调饮茶以茶为基底，而茶的健康功效已被世人所熟知，如绿茶中含有茶多酚、氨基酸和咖啡因及多种微量元素，具有美容养颜、延缓衰老和抗皱祛斑等功效。调饮茶将茶叶和与其相适宜搭配的辅料进行科学配伍，达到健康功效的协同。例如，美国《食品科学》杂志刊登的普渡大学研究发现，在有机绿茶中加入一些富含维生素C的柑橘类食物，能提高人体对儿茶素的吸收效率，尤其以加入柠檬的效果最为显著。柠檬中的维生素C能使人体对儿茶素的吸收率提高13倍，同时能使茶多酚类化合物的保健功效大大提高，并促进抗氧化剂的吸收。此外，品种多样的调饮茶还具有多种健康功效。例如，由白菊花与乌龙茶合制而成的菊花乌龙茶是电脑办公一族必备的调饮茶。因为茶中的白菊花具有祛毒的功效，对体内积存的暑气、有害物质等，均具有抵抗、排除的功效。图1–4所示为菊花茶的调饮。

图1–4　菊花茶调饮

图1-5　调饮茶场景搭配示例

（六）美观性

在美国心理学家马斯洛（Maslow）的层次需求理论中，人的需求分成生理防护需求、归属需求、认知需求、审美需求及自我实现需求。人们满足了最基本的生存需求后，追求其他方面更高层次的需求是体现人类社会文明进步的标志之一。在物质条件逐渐丰裕的当代社会，人们更加注重精神需求，品饮已成为人们不可或缺的生活内容。调饮茶产品不仅要满足人们的感官需求，还要注重其优美外观和饮用环境的设计，均应符合各国传统的美学理念，体现不同时代的艺术风格特征和审美情趣，满足人们的审美需求或更高层次的精神追求。例如，与大部分主打时尚、个性的新式茶饮店不同，茶饮品牌煮叶专注于尽可能多地保持茶叶原味的调饮茶，并用空间布置体现东方美学，传递中国茶文化。其店面装修风格趋于简约、内敛、平实，色彩一般为传统色，营造自然而独特的美学意境，如图1-5所示。

本章小结

本章在梳理学者对调饮茶相关研究的基础上，阐述调饮方式的历史演化过程，初步对调饮茶的概念进行界定，并按照调饮茶的特征和表现形式不同，将调饮茶分为三大分支，即工业化瓶装茶饮料、杯装冲泡调饮茶和新式茶饮。此外，根据辅料类别将调饮茶分为茶与酒调饮、茶与花调饮、茶与水果调饮、茶与奶调饮、茶与植物调饮、茶与茶调饮六大类。并进一步分析调饮茶的调配原则及其内涵的价值，为后续章节内容的展开奠定基础。

参考文献

[1] 前瞻产业研究院．2019年中国茶饮料行业市场现状及趋势分析：新式茶饮“网红”效应带动资本市场[EB/OL]．[2019-05-31]. https://www.sohu.com/a/317806189_473133.

[2] 柏雪宇．论我国茶饮料市场现状及发展策略[J]．福建茶叶，2016（3）：40-41.

[3] 陈荣冰．中国历代饮茶方法的演变[J]．茶道，2018（2）：88-89.

[4] 程启坤，姚国坤，张莉颖．唯茶是道“茶及茶文化又二十一讲”[M]．上海：上海文化出版社. 2010.

[5] 丁以寿．中国茶艺[M]．合肥：安徽教育出版社，2011.

[6] 高淑芝．第二讲中国饮茶方法的四次演变[J]．老年世界，2016（3）：63-63.

[7] 黄晓琴，梁艳，张丽霞．奶茶的制作研究[J]．饮料工业，2007（11）：18-21.

[8] 刘垚瑶.《茶经》饮道研究[D]．武汉：华中师范大学，2017.

[9] 罗军. 中国茶饮的三个象限！[EB/OL].（2018-03-21）[2020-4.12]. https://www.so.com/s?q=%E7%BD%97%E5%86%9B.+%E4%B8%AD%E5%9B%BD%E8%8C%B6%E9%A5%AE%E7%9A%84%E4%B8%89%E4%B8%AA%E8%B1%A1%E9%99%90%EF%BC%81&src=srp&fr=lm&ls=sm2342831&lm_extend=ctype%3A31&psid=986178e41aeb4f41085767d7dc8ea5ce.

[10] 孙云，黄丽玲，董明花．乌龙调饮茶风味的探讨[J]．福建茶叶，2005（2）：12-13.

[11] 汪松能，董学友，王燕．发展中的冰茶[J]．广东茶业，2010（5）：30-31.

[12] 王绍梅．茶道与茶艺[M]．重庆：重庆大学出版社，2011.

[13] 王郁风．世界饮茶文化的起源与流派及对发展我国调饮文化的启示[J]．福建茶叶，1992（2）：8-13.

[14] 吴维真．世界茶文化[M]．北京：中央广播电视大学出版社，2015.

[15] 谢丰镐，叶倩，杨鸿春．茶叶调饮推动饮茶之风[J]．茶博览，2016（12）：80.

[16] 徐琦楠，陈友谋．识茶、购茶、品茶[M]．南昌：江西科技出版社，2014.

[17] 亚伯拉罕·马斯洛，许金声．动机和人格[M]．北京：华夏出版社，1987.

[18] 尹军峰．我国茶饮料现状及发展趋势[J]．中国茶叶，2004（1）：6-7.

[19] 佚名．关注茶饮料市场[J]．国内外香化信息，2009（7）：4-5.

[20] 于潇，赵宁．乌龙茶鉴赏与冲泡[M]．北京：中国轻工业出版社，2009.

[21] 张晶．中国茶典全图解茶文化与养生保健[M]．北京：军事医学科学出版社，2010.

第二章 调饮茶的配制及境域设计

在中国的传统茶文化里，调饮以其“和合之美”的特点占据茶饮的一席之地。绿茶、红茶、乌龙茶和黑茶等茶类均可作为调饮茶的茶基，搭配辅料广泛，包括水果、谷物、草本植物甚至是辛香料等。这些辅料不仅提升茶饮的风味、口感，而且具有一定的保健功能，受到公众的喜爱。本章主要阐述调饮茶文化的起源、配制调饮茶的原料与器具的选择，以及调饮茶的境域设计，为更深入理解调饮茶的发展及内涵奠定一定的基础。

一、配制调饮茶的原料

源于消费端的多元需求推动，调饮茶的原料不断创新、种类日益丰富。传统调饮茶有明显的地域特色，不同的原料配方配制咸味、甜味等不同口味的调饮茶，制作和饮用器具选择上也更加多样，从而适应不同区域消费者的生活习性与口味，而现代调饮茶在原材料上扩展了花草、水果、芝士、奶盖、酒、茶、奶等新鲜品质元素，使得调饮茶成品的呈现方式更具时尚、健康等当代人文属性。

（一）传统调饮茶选用的原料

1．咸味奶茶调饮

该类调饮以我国的内蒙古、新疆以及蒙古、俄罗斯部分地区等亚洲部分地区民族饮用的奶茶，和以我国西藏、青海、云南、四川等地的少数民族饮用的酥油茶为代表。首先，将砖茶（青砖、黑砖、茯砖、康砖、米砖等）捣碎，入锅加水熬煮、去渣，然后在茶汤中加入食盐和鲜牛（或羊/马/驼）奶，或加入奶类中提取的酥油，即可调制成美味的奶茶，供饮用或佐餐，是极具特色的民族饮料（图2-1）。该奶茶具有暖胃、祛寒、助消化的功效，并能补充一定的维生素，适合缺少新鲜蔬菜的高寒地区，或以肉食为主的游牧地区。例如，在游牧地区，咸味奶茶几乎与人们每日三餐饮食融为一体，成为牧区人们不可或缺的生活必需品。这种饮茶文化，最早是从我国唐朝时期开始从产茶地区传往非产茶的牧业地区，属早期调饮

图2-1　茶叶熬煮加料咸味调饮

文化流派，由于与生产、生活方式相适应，其饮法变化较小，世代相传，延续至今。

2．茶调羹

该类调饮以湖南、贵州、福建、广东、广西等地山区民众饮用的“擂茶”为代表，主要选用茶叶与花生、芝麻、大豆、大米及生姜、胡椒等配料，放入特制的擂茶钵内研磨成粉末之后，经过熬煮或沸水冲泡调制而成咸味或甜味的羹状饮料，被当地居民用作点心或餐食。据古籍记载，两晋时代即有擂茶，相传是由三国时代的“三生饮”（生茶叶、生米、生姜加盐捣成）发展而来。流传于今日的擂茶与奶茶同属调饮文化，但擂茶仍保留着“茶、渣同食”的古老习俗，而现代奶茶已进到“饮茶除渣”阶段。因此，擂茶应是比奶茶更为古老的饮茶模式。此外，类似的中国民间调饮法还有许多，如云南、湖南的一些少数民族居民习惯饮用的“打油茶”“盐巴茶”“龙虎斗”等，均为流传下来的古调饮法。如图2-2为调饮过程中加入配料“八角”。

3．绿茶甜味调饮

该调饮以非洲西北部各国的“薄荷糖茶”为代表。一般而言，该类调饮原料取用绿茶、白糖、新鲜薄荷叶，器具包括金属（铜质镀银）或搪瓷茶壶、小玻璃茶杯、高脚茶盘、木炭火炉、开水壶等。将25～30克绿茶、8块方白糖、3枝新鲜薄荷枝叶和水加入壶中共煮即可制成该种甜味调饮（图2-3）。饮后有清凉感，是摩洛哥、阿尔及利亚、毛里塔尼亚、马里、

图2-2 茶调羹范例

图2-3 绿茶加薄荷甜味调饮

塞内加尔等非洲国家的民族传统饮品。当地居民多信奉伊斯兰教，教义禁止饮酒。因此，人们习惯常饮绿茶。此外，撒哈拉大沙漠周围各国气候炎热、干燥，人们易疲劳，具有清凉感的绿茶加薄荷甜味调饮可用以提神消倦，受到广大民众的喜爱。我国邻国阿富汗，受"丝绸之路"传播的中国古代饮茶法影响，也习惯饮用加糖熬煮的甜味绿茶。至今，在我国甘肃敦煌一带古丝绸之路的沿途地区，人们习惯将茶叶与冰糖、桂圆肉混合泡饮，称"三泡台"，也是古调饮法的部分体现。

4．红茶甜味调饮

该茶饮是红茶加水熬煮或开水冲饱后，加入白糖后制成，部分国家或地区人们还习惯再加入牛奶、香料、蜂蜜、果酱、柠檬、甜酒等其他配料调和共饮，均属于红茶甜味调饮（图2-4）。饮用器具一般选择瓷杯或玻璃杯等，因地区而异。饮用方式大同小异，以英式饮茶最为典型，每日定时、分次饮用，有早茶、午茶、晚茶之分，特别是英式下午茶，是流行的社交方式之一。

随着中外文化交流和茶叶贸易的发展，中国早期的茶汤加料调饮法逐渐传往西方，并经过英国人的规范和倡导，现已成为国外最普遍的调饮方式，而中东一带的红茶熬煮调饮法比西方的红茶冲泡调饮法的历史更为悠久。

图2-4　红茶加料甜味调饮

（二）现代调饮茶选用的原料

1. 茶与酒调饮

中国自古就有草木入酒，温和酒性，调养身心的传统。以茶入酒，不仅可以令原本刚烈的美酒变得温纯，而且茶中含有的茶多酚、咖啡碱、维生素C等物质具有健脾、提神、解渴等功效，有益身体健康。目前，以茶、酒为主要原料的茶酒调饮刚刚兴起，并且一般选用玻璃器具盛用，体现了茶酒调饮五彩缤纷的颜色和丰富的层次。

（1）不惑岩韵　原料主要选用茗酿、大红袍、蜂蜜、干桂花。调配时，先闷泡大红袍，待茶汤冷却后，加入蜂蜜、茗酿酒摇匀，最后加入干桂花做型，即可饮用。大红袍味甘性平，具润肤、益肺、生津、润喉之功；桂花性温味辛，具有健胃、化痰、生津、散痰、平肝的作用；茶酒富含茶氨酸，具生津、安神、降压的功能。不惑岩韵可促进营养素吸收，增加代谢，具有舒肝益肺理气、醒脾生津开胃之功。

（2）永恒之美　原料主要选用茗酿、黑枸杞、茉莉花、茉莉花茶、蜂蜜。首先用冷水浸泡黑枸杞30秒，然后加热黑枸杞水至95℃，用加热后的黑枸杞水冲泡茉莉花茶，沥出茶汤后加入蜂蜜摇匀，最后可放入茉莉花做型，即可饮用。绿茶邂逅茉莉花，是花香与茶叶的完美融合，六次窨制的独特芬芳被悠悠释放；黑枸杞含有丰富的维生素、花青素和枸杞多糖，具有保护心血管及抗衰等多种养生功效。此饮品花茶高扬，汤色透蓝，沁心润喉，尽显微醺的惬意。

（3）金秋　原料主要选用茗酿、橙汁、橙子果肉、陈皮、漳平水仙、蜂蜜、桂花。首先用茶酒浸泡干桂花，同时沸水冲泡漳平水仙，待茶汤冷却后加入冰块、蜂蜜、橙汁、桂花泡的茗酿酒并摇匀，在摇匀后的饮品中加入橙子果肉和冰块，最后加入陈皮点缀做型即可饮用。此饮品色泽鲜艳，鲜爽饱满，具有提高免疫力和抗衰老之功效。

（4）风吹麦浪　原料主要选用茗酿、凤凰单丛银花香（鸭屎香）、鲜橙汁、米汁酵素、薄荷叶、干桂花。首先闷泡银花香凤凰单丛，待茶汤冷却后加入冰块、茗酿、米汁酵素、鲜橙汁并摇匀至形成丰富的沫饽，最后加入薄荷叶、桂花点缀做型即可饮用。此饮品滋味醇厚爽滑，具有滋阴润燥、补虚润肺的功效。

2. 茶与花调饮

该类花茶主要以绿茶、红茶或者乌龙茶作为基底，以鲜花作为辅料冲泡调饮。根据所用鲜花的不同品种，分为茉莉花茶、桂花茶、珠兰花茶等。一般选用白色的有盖瓷杯或盖碗作为品饮花茶的器具。

（1）茉莉花茶　以绿毛茶为基底，茉莉花为主要辅料，通常采用杯泡法冲泡茉莉花茶，一般分两次冲泡。第一次冲泡，取绿毛茶和茉莉花共同浸泡3分钟后滤出茶汤，闻嗅香气、查看汤色、品尝滋味；第二次冲泡，冲入开水并浸泡5分钟后滤出茶汤，即可饮用。茉莉花茶不仅可以美容养颜、净白皮肤、抵抗衰老，还具有疏通肠胃、顺气清脑、降低血压血脂等功效。

（2）蝶舞晚芳　原料主要选用香菇寮白毫绿茶（可用三杯香绿茶代替）、熟银耳、玫瑰花茶冻、玫瑰花酱、玫瑰茄、干玫瑰花瓣、冻万物粉。首先利用玫瑰花瓣和冻万物粉制成玫瑰花冻，用沸水浸泡玫瑰茄得玫瑰茄茶汤，然后沸水冲泡香菇寮白毫绿茶，待茶汤冷却后加入玫瑰花茶冻、熟银耳，最后淋入冷却的玫瑰茄茶汤，并加入玫瑰花酱搅拌均匀即可饮用。此饮品的搭配巧妙地利用原料色香味形，使饮品高颜值和高品质并具。

（3）牡丹荟萃　原料主要选用新茶白牡丹、芦荟果肉、青柠、黑枸杞、蜂蜜。预先冷泡黑枸杞备用，开水冲泡白牡丹，待茶汤冷却后加入捣碎的青柠、蜂蜜、冰块并摇匀，随后加入芦荟果肉和冰块，在冰块上放置几粒半颗的青柠点缀，最后洒入预先浸泡好的黑枸杞汤即可饮用。此饮品以芦荟、白牡丹茶、青柠配伍，清新爽口，功能丰富，而黑枸杞蓝，使饮品的颜色更显梦幻高贵。

3. 茶与水果调饮

茶与水果调饮主要有枣茶、星空香柠、柚惑、梨茶、橘茶、香蕉茶、山楂茶、椰子茶、果粒茶、百香果柠檬绿茶等。一般而言，常用的水果茶茶底为茉莉绿茶、红茶和乌龙茶，熬煮或冲泡使用的器具一般为玻璃茶壶，饮用器具主要为玻璃杯。水果茶具有一定的保健功效，不同的果茶功效各异，是一种天然的养生饮品。

（1）枣茶　枣茶有两种制作方法，一是将红枣与茶叶放入锅中，加入清水与红糖煮到红枣熟软，将茶叶过滤，饮用煮好的茶汁即可；此外，也可先将茶叶开水冲泡后，加入用红枣捣烂的枣泥，搅拌均匀后饮用，热饮、冷饮均可。工业化生产的红枣茶饮料一般是将红枣、枸杞、甜叶菊等食品配料高温杀毒后粉碎，并与红茶汤按照一定的比例进行混合。枣茶的保健功效较好，如防癌、抗癌、预防心血管疾病和健脾开胃等。

（2）柚惑　柚惑的茶底选用栀子红茶，首先冲泡栀子红茶，待茶汤冷却后加入冰块、西柚果肉、蜂蜜、西柚片、蜂蜜摇匀即可。将略带苦涩酸甜的西柚和香气馥郁的栀子红茶相调和，不仅滋味爽口，而且汤色迷幻。柚惑开胃消食，自然清新，且散发出健康的气息。

（3）星空香柠　星空香柠的茶底选用香高汤亮的三杯香，搭配新鲜青柠、百香果与杏子酱。首先冲泡三杯香，待茶汤冷却后，加入冰块、百香果果肉、捣碎的青柠汁、蜂蜜和杏子酱，摇匀即可。星空香柠强化了饮品口感的酸适、鲜爽与高香，具有开胃开怀之效。

（4）百果茶　百果茶配料丰富，将红茶冲泡后去叶留汁，加入切好的各类水果，如甜橙、苹果、猕猴桃、火龙果、梨、柠檬、草莓等。放置稍凉再加入蜂蜜，搅拌均匀即可。百果茶营养丰富，含有丰富的维生素A、维生素B、维生素C、维生素E、果酸以及矿物质等，具有促进人体新陈代谢、抗衰老和美容养颜等功效。

4．茶与奶调饮

以茶和奶为基底的传统奶茶风靡世界各地，在欧美地区和亚洲国家都流行着不同种类的奶茶，原料和配比不同，风味也各异。

（1）英式奶茶　英国人口味较为清淡，且更为偏爱清香的茶味。因此，英式奶茶一般选用红茶或红茶包冲泡或煮沸后装杯，调入淡奶和枫糖并搅拌均匀即可，饮用器具选择玻璃杯或欧式陶瓷杯。

（2）港式奶茶　港式奶茶又称为“丝袜奶茶”，之所以称为“丝袜奶茶”，是因为茶汤的滤网因长期使用，颜色暗沉，远看似肉色丝袜。该奶茶以红茶混合浓鲜奶后加糖制成，奶和糖的比例较大，热饮或冷饮均可。港式奶茶已融入大众生活，人们一般于午餐或下午茶时饮用，如外出用膳则晚餐也可饮用。

（3）印度奶茶　印度奶茶主要在印度流行，大多数印度人晨起就习惯饮用奶茶，并且不同阶层的消费者饮用的奶茶配方不同。权贵阶层饮用的奶茶一般将红茶和新鲜牛奶、豆蔻、茴香、肉桂、丁香和胡椒等多种香料混合，价格也较为昂贵。而平民阶层饮用的奶茶则一般将红茶和奶简单混合，或者增加生姜、豆蔻调味。

（4）珍珠奶茶　珍珠奶茶起源于我国台湾，以红茶和糖、鲜奶或奶精等为基底，再加入类似汤圆的“粉圆”。粉圆由木薯粉代替糯米制成，微甜，口感有弹性，外观乌黑晶透，遂以“珍珠”命名。此外，还可加入布丁、椰果等各式配料，香味馥郁，口感顺滑，深受消费者喜爱。

除各地特色各异的上述奶茶之外，奶茶还可以添加多种调料调配成不同的饮品。例如，在奶茶中添加蜂蜜和水果调制成水果奶茶，饮用器具选择玻璃杯；添加生姜调制成暖姜奶茶，饮用器具选择陶瓷杯；添加玫瑰调制成玫瑰奶茶，饮用器具选择陶瓷杯或玻璃杯；添加坚果调制成坚果奶茶，饮用器具选择陶瓷杯；添加咖啡调制成炭烧奶茶，饮用器具选择陶瓷杯。

5．茶与茶调饮

每一类茶的口感各异，如绿茶入口有微苦涩感，但回味干爽、香气馥郁，而红茶则口感香浓，富收敛性而不涩。因此，茶与茶搭配制饮品，口感层次性更显著，并可产生与众不同的口感与香味。其调配方法主要有两种：一是将两种或两种以上的茶叶按比例配制后冲泡；另一种是先冲泡一种茶叶，然后加入一定比例的其他茶叶。冲泡该类茶饮时，通常选用品茗杯或透明玻璃杯。

（1）双茶记　以茉莉红茶和台湾红乌龙为原料。首先，沸水冲泡茉莉红茶与台湾红乌龙，待茶汤冷却后加入红石榴糖浆、柠檬片、冰块并摇匀即可。茉莉红茶香气浓郁，且有一定的药理功效；台湾红乌龙茶汤的色泽如红茶，但口感仍然保持乌龙茶醇厚甘爽的滋味。双茶记完美融合了茉莉红茶的香气和乌龙茶的口感，色泽清新诱人。

（2）红豆果冻茶　原料选用白牡丹和红乌龙茶，首先冲泡红乌龙得茶汤，加入冻万物粉后冷藏切块，然后冲泡白牡丹，将红乌龙茶冻平铺于浮雕杯中，将即食红豆平铺于红乌龙茶冻上，加入冰块，最后将冷却后的白牡丹茶汤缓慢倒入浮雕杯中，加入椰汁做型即可。香滑嫩爽的红乌龙茶冻，色如琥珀，晶莹透亮，口感筋道爽脆。红豆果冻茶果肉饱满，视觉丰满。

（3）茉莉花茶加白茶　此茶以茉莉花茶和白茶为主要原料。茉莉花茶香气诱人，滋味顺滑，加入一些4～5年陈化后的白茶一起冲泡，口感变得更加醇厚、甜润。茉莉花茶和白茶调配在一起具有较好的保健功效，可有效提高人体内脂酶的活性，加快人体内多余脂肪的分解与代谢、维持血糖平衡、缓解糖尿病等。

（4）月光白茶加滇红　原料选用月光白和滇红。首先，用60℃的水冲泡月光白茶，然后加入少许滇红（一小撮），使白茶的口感变得更加柔和、甜润。二者的结合具有较好的保健功效，如降血压、抗癌、消炎等功效。

6．茶与咖啡调饮

茶与咖啡代表了东西方不同的文化，茶之于中国犹如咖啡之于法国，不仅是一种饮品，更蕴含悠久深厚的文化。茶与咖啡在制备工艺、品饮方法、文化内涵等方面均存在较大差异，但在食品类型、功能功效等方面具有异曲同工之妙。咖啡与茶的巧妙结合不仅可以增强其功效，还能丰富口感。调制咖啡与茶的混合饮品时，通常先分别冲泡或煎煮咖啡和茶叶，然后将茶叶制成茶汤与煮好的咖啡混合即可。饮用器具适宜选用马克杯或拿铁杯。

（1）鸳鸯咖啡　原料主要选用红茶和咖啡，是我国香港地区流行的新式咖啡。咖啡和红茶的比例相当，可根据个人喜好添加适量的糖。其中，红茶的冲泡时间应在3分钟之内。鸳鸯咖啡具有解酒、抗疲劳、防止放射线伤害等功效。

（2）绿茶咖啡　绿茶咖啡以咖啡和绿茶为主要原料，调配时首先将比较干燥的绿茶磨碎，若绿茶含水量较大，可将其切碎；然后，按个人口味煮一杯咖啡，将咖啡倒入杯中，在咖啡表面放一勺鲜奶油，并在奶油表面撒一些绿茶粉；最后，可放少量的砂糖刺激绿茶风味更为清香。绿茶咖啡不仅可以解酒抗疲劳，还具有良好的抗氧化和镇静作用。

（3）黄芽轻咖欧蕾　原料主要选用冰镇咖啡和黄芽茶。首先，采摘黄芽制成茶汤，以6份茶汤衬底，1份冰块控温，1份咖啡提色，2份奶泡润滑。奶泡与咖啡有机融合，口感绵密细腻，醇厚回甘。

7．茶与中药材调饮

早在唐代，我国就有“药疗百疾，茶治百病”之说，药茶疗疾历史源远流长。一般而言，主要采用冲泡、煎煮、使用滤包三种方式制作中药茶饮，煎煮或冲泡的器具以瓷器、陶器、不锈钢为宜。目前，中药茶饮按其功能不同可分为三大类，分别为治疗慢性病类、日常流感类、减肥类中药茶。

（1）治疗慢性病类　治疗慢性病类的中药茶主要包括菊花茶、山楂茶和荷叶茶等。菊花茶以甘菊为原料，也可与金银花、甘草同煎，对高血压、动脉硬化患者具有显著疗效；山楂茶以山楂为原料，对治疗高血压具有明显的辅助作用；荷叶茶主要以鲜荷叶为原料，加水煮沸放凉后即可代茶饮用，具有扩张血管、清热解暑、降血压之效。

（2）防治流感类　治疗日常流感类的中药茶主要包括桑叶菊花茶、荆芥防风茶和金银花连翘茶。其中，桑叶菊花茶具有清热散风之功效，适合治疗表寒里热型感冒。冲泡时取桑叶9克、菊花12克，直接用开水冲泡即可；荆芥防风茶适合治疗风寒型感冒。选取荆芥15克，防风15克，水煎后饮用即可；金银花连翘茶适合治疗风热型感冒，取金银花20克、连翘15克，水煎后饮用即可。

（3）减肥类　减肥类茶饮主要包括昆藻茶、橘枣茶和双花饮。其中，昆藻茶以海藻、茯苓、薏仁、乌龙茶为原材料，即海藻6克、茯苓3克、薏仁8克、乌龙茶2克。首先，加入500毫升的水和8克薏仁，煮沸15分钟后再放入其他原料，继续煮15分钟后去渣，即可饮用。橘枣茶以橘皮、红枣、红茶为原料，冲泡时取新鲜橘皮1片，红枣5颗并切开、红茶包一个，用开水冲泡即可。双花饮以金银花50克、菊花50克、山楂50克、少量蜂蜜为原料，先将金银花、菊花、山楂一同放入锅中，加2000毫升的水煎煮30分钟后滤汁，然后再加水煮一次并且滤汁，将两次滤汁混合并加热，烧至微微沸腾后放凉，加入少许蜂蜜即可。

二、调饮茶的器具

随着社会大众生活水平的不断提高，消费者观念的转变也日渐鲜明起来，物美价廉的传统消费观念开始慢慢升华为对物质、精神方面的双重追求。调饮茶已然成为时尚，消费者不仅在饮用的过程中享受味蕾的愉悦，而且也逐渐关注美观的器具所带来的视觉和精神满足，因而调饮茶的承载器具日益多样化，大体可划分为传统类调饮茶器具和现代时尚类调饮茶器具。调饮茶器具的选用主要考虑质地、色彩、器形与调饮主题及饮品色泽相协调，也可因人们的品饮习惯、个人喜好等方面的差异而不同。本节主要梳理传统（表2-1）与现代时尚（表2-2）两大类调饮茶承载器具的特点。

表 2-1　传统类调饮茶器具及特征

器具名称	审美特征	图例
蒙古奶茶调饮器具	独具匠心，表现了蒙古族人民善良奔放的性格	
英式奶茶调饮器具	精致和美观，展现着英国人对于生活品质的浪漫追求	

表 2-2　现代时尚类器具及特征

器具名称	实用特性	审美特征	图例
不锈钢杯	坚固耐用、易洗涤	造型规整、时尚美观	

续表

器具名称	实用特性	审美特征	图例
高脚杯	质地轻薄、蕴香持久	款式丰富、质地透明、高贵典雅	
新式饮品杯	方便携带、手感更好	种类多、颜值高、趣味性强	

(一)传统类调饮茶承载器具

1. 传统的中国少数民族调饮器具

传统的中国少数民族调饮茶以蒙古奶茶和西藏酥油茶为代表，煮茶器具主要选用铁锅或铜制茶壶。盛装奶茶必须使用高筒茶壶，蒙语称为“温都鲁”，表示“高的”。高筒茶壶呈圆锥形，壶口半圆形，高约2尺，带把。壶身上有4~5道金属箍，箍上刻有各色花纹。饮用蒙古奶茶或酥油茶时一般使用瓷器茶碗，此类茶碗造型古典，外表绘有我国传统图案。部分茶碗由纯银制成，明光锃亮，工艺精细，内外都刻有传统的古老图案，独具匠心。对于热情好客的蒙古族而言，蒙古奶茶的调饮器具表现了他们善良奔放的性格。

2. 传统的国外调饮的器具

传统的国外调饮茶以英式奶茶为代表，调饮器具主要使用欧式陶瓷杯，表面绘有精美的英国植物与花卉的图案，轻松、优雅。不仅如此，英式茶具都是成套使用并镶有金边的杯组，一般包括茶杯、茶壶、茶匙、茶刀、滤勺、广口瓶、饼干夹、放茶渣的碗、三层点心盘、砂糖壶等。传统英式奶茶的调饮器具不仅内容全面，而且做工与造型非常精致和美观，展现着英国人对于生活品质的浪漫追求。

（二）现代时尚类调饮茶承载器具

1. 不锈钢器具

不锈钢是铁铬合金加入少量微量元素制成的，具有耐用、易清洗、环保等特点。用不锈钢制成的调饮器具表面光洁明亮、造型规整、时尚美观，且具有耐腐蚀、不怕碰撞和不易损坏的优点，越来越受到调饮人士尤其是年轻人的喜爱。

2. 玻璃器具

玻璃制成的调饮器具实用而且美观，是调饮器具中的后起之秀。与其他材料相比，玻璃器具价格实惠、购买方便又符合绿色环保的要求。玻璃的透明性特征，能给人以色泽鲜艳、光彩照人之感，可完美地展现调饮茶的造型与颜色之美。此外，可塑性是玻璃器物的又一大特征，玻璃器具被赋予形态各异、曲线流畅、纯净清透之美感。因而，人们在制作调饮时往往偏爱选用玻璃器具，如形态各异的高脚杯成为茶与酒调饮的首选器具。

3. 塑料器具

与其他材质的调饮器具相比，塑料制品的调饮器具既迎合了新式茶饮店发展的需求，也满足了消费者打包带走或外送的需求。随着新式茶饮店的崛起，调饮茶产品升级并带动饮品杯的外观和材质不断升级。从材质来看，饮品杯大多由聚丙烯（PP）制成的吸塑杯升级为聚丙烯注塑杯，因而硬度更高，重量更足，手感更佳；从造型来看，除了普通圆柱形杯，还出现了多样化的网红类杯型，如U形杯、胖胖瓶、直瓶、杯托碗等。未来塑料制品的调饮茶器具除了追求环保外，精密技术的提升也将给消费者带来更好的设计体验。

三、调饮茶境域设计

调饮茶不仅是一种饮品，更是文化的体现。唐朝时期，张彦远在《历代名画记》中曾提及“意存笔先，画尽意在”的观点，可知“意”与“境”的重要性。但是，意境的形成并非一蹴而就，调饮茶也是如此。营造调饮茶意境之美，需要调配者对原料之美、器物之美、形态之美、空间之美等方面准确把握，并深刻理解调饮茶调配过程中的各个要素，如主题、人、程序、光线、音乐、气候与季节等。

（一）主题要素

根据调饮茶不同的主题选用相得益彰的原料和器皿。例如，“新时代中国红”的调饮主题是中国人民为实现中华民族伟大复兴的中国梦，以火热的赤诚之心，不懈奋斗，凝心聚力，开拓新的征程。因此，饮品“新时代中国红”的茶汤色泽为温暖的红色，代表吉祥喜庆，寓意中国经济迈向高质量发展阶段，人民生活红红火火。饮品色泽由乳红、粉红、火红逐层递进，象征着祖国日益繁荣、昌盛、富强。茶汤口感也由最初淡淡的微甜夹杂着微微的酸苦辣，慢慢过渡到渐甜、浓甜，并伴有浓郁的茶香、奶香、花香、石榴香。亦如人生，沧海桑田，饱尝酸甜苦辣，最后拼出精彩人生，由上述饮品可感悟人生的甜蜜与艰辛。因此，为彰显主题，原料选用红茶、纯奶、伏特加、蜂蜜、红石榴糖浆、柠檬汁。主泡器选用黄色瓷质盖碗，与茶席的黄色基调一致。公道杯、水盂、茶杯及调饮器具均选用透明玻璃器具，玻璃器具晶莹透亮，便于观众观赏调配过程中饮品色泽呈现的变化。郁金香型高脚水晶杯，杯型婀娜，水晶透明质地色泽，便于观者更好地欣赏茶酒饮品渐变红色。

（二）主体——人

调配者作为调饮意境空间中的要素之一，在诸要素之中最具有能动性。因为，其他大部分要素均由人这一要素来陈列布置，这就决定了调配者在调饮意境空间中的重要意义与责任。调饮者在调配的过程中，负责营造调饮意境空间的主题风格。这就要求调配者从内在和外在两个方面与周围环境和谐融合。从内在方面，调配者应具备相关的理论知识与实际的调饮茶调配经验积累。其中，理论知识包括美学知识、调饮茶知识、茶器知识等。只有通过内在修养的提升，才能调配出口感丰富浓郁、意境深远的调饮茶产品。从外在方面，要求茶境空间中的主体——人，着装应时尚和方便操作，色调与调饮情境相协调，色彩适宜淡雅。因为，过于鲜艳的服饰可能影响调饮意境空间的协调性，而且分散品尝者的视觉注意力，从而不利于营造调饮意境氛围。例如，“蝶舞晚芳”的调配者服装选用单一的白色蝶形披风，既具有古典美又简洁大方，吻合作品主题，便于调配者操作，且白色能衬托调饮饮品红白相间的色泽。

（三）程序要素

与静止的空间不同，程序要素可根据调配者的知识和经验有规律地进行调整，程序不同可产生不同的调饮体验。例如，调饮者在调饮的过程中需要注意调饮的配伍原则，即功能协同原则（君臣佐使）、风味协同原则（香郁绵醇）、视觉协同原则（艳雅工悠）、境域协同原则（器材乐客）。此外，原料投放的次序，搅拌的方式、力度等，均要求调饮者在整个调饮过程中做到符合标准和心中有数。此处的“心中有数”便是调饮者长期的经验积累从而较好地掌握茶和相关原料的特点。

（四）光线要素

不同光线构成不同影调，所营造的调饮茶意境也存在差异。室内的调饮茶意境空间主要运用人工光线，但有时也会运用一些自然光线；室外的茶调饮意境空间则大都借助于自然光线。二者并无优劣之分，只是不同的光线营造出的调饮茶意境空间不同。根据调饮茶的主题不同，调配者可根据需要设计不同的光线形式和影调。光线可营造氛围，烘托主题，对营造调饮茶意境空间的意义重大。

（五）背景音乐要素

调配者为营造与调饮茶意境主题相适应的氛围，可播放背景音乐。背景音乐不仅自身应具备美的品位，还须与存在的场所性格相一致。背景音乐通常是现成的音乐作品，可以是流行音乐，也可以是古典音乐；可以是歌曲，也可以是纯音乐；可以是钢琴音乐，也可以是其他任何乐器的音乐作品，一般调饮的背景音乐选择可以相对节奏轻快一些的曲目。背景音乐按照形态的不同可有三种划分方式：纯音乐与文学性的音乐、流行音乐与古典音乐、西方音乐与中国音乐。根据调饮的场合来决定背景音乐的类别，而音乐的类别反过来又加强渲染了场合的气氛。

（六）气候与季节要素

气候与季节不同，调饮茶的意境存在一定差异。因为，气候和季节要素影响调饮茶意境空间的陈设。就南方而言，在炎热的夏季，调饮茶意境空间氛围的营造更倾向于清爽、通透、自然绿色为主，这也符合人们的生理以及心理追求。而在寒冷的冬季，户外的绿色植物较少，在这个季节之中人们渴望温暖，因此茶调饮意境的构建应当迎合人们的这种需求，以和煦、暖色调为主。而在万物复苏的春季，百花绽放，春天的气息扑面而来，调配者通常剪切花枝做成插花，放置于调饮茶意境空间之中，以增添意境空间的自然、生机的氛围。秋季万物开始凋零，但路边的落叶、即将干枯的树枝等处处充满禅意，即便一片梧桐树叶置于调饮茶意境空间之中，也能在无意中增添自然之美。

本章小结

本章主要从调饮茶文化起源、原料和器具选择以及意境营造这三个方面展开阐述，以加深消费者对茶及调饮茶的认知。首先，通过研究饮茶文化的起源、世界饮茶文化的类型以及饮茶文化的基本特征，帮助消费者了解茶及调饮茶的发展历程，使消费者深入了解调饮茶的文化历史；其次，本章研究了配制不同传统调饮茶以及新式调饮所需的原料以及器具，这不仅能从理论上加强消费者对调饮茶的认知，帮助消费者更全面更直观地了解调饮茶的配制原料及方式，还能在实际操作方面给予消费者指导，消费者可根据自己的喜好，参考本章内容选择原料和器具来调配调饮茶，通过实践更能加深其对调饮茶的了解；最后，本章阐述了茶调饮的意境营造。对消费者而言，调饮茶不仅是一种饮品，更代表和蕴含了一种文化，通过音乐、光线等的巧妙搭配能帮助消费者更好地体验饮用调饮茶的乐趣。因此，研究调饮茶的意境营造能优化消费者的饮用体验，提升茶调饮的品质。

参考文献

[1] 卢常艳．“新时代中国红”茶酒调饮创新茶艺编创实践[J]．广东茶业，2019（3）：15-18.
[2] 李玉杰．茶器、茶席、茶境的现代设计美学构建[D]．南京：南京林业大学，2015.

第三章　调饮茶产业发展现状及趋势

近年来，随着我国居民消费水平的不断提升，消费者对于调饮茶的需求不仅仅停留在解渴消暑的饮品上，更是延伸到对于健康、时尚、营养的诉求。企业为应对消费市场特征的转变，在品牌形象和产品结构等方面不断向年轻化调整，同时也更加注重产品的品质、视觉效果、饮用场景等多维度消费者体验，并对行业的未来发展产生了一定的影响。在这样的背景下，本章在阐述调饮茶产业发展现状及特点的基础上，分析主要龙头企业的发展历程和经营状况，并进一步提出产业未来发展趋势和机遇，为后续章节的展开奠定基础。

一、产业发展现状及特点

（一）市场规模增速明显

近年来，随着国民经济持续稳定增长、居民消费水平的不断提升以及消费结构的升级，我国饮料行业呈现出良好的增长态势。我国包含包装饮用水、碳酸饮料、浓缩饮料、果汁、即饮咖啡、即饮茶饮料、能量饮料、运动饮料及亚洲特色饮料在内的饮料销售金额由2014年的4652.16亿元增长至2019年的5785.60亿元，复合增长率为4.46%（表3-1）。由此可见，我国调饮茶市场不仅体量大，而且消费需求以每年30%的速度增长，未来市场发展潜力巨大。

表 3-1　2014—2019 年我国饮品市场规模

年份	2014	2015	2016	2017	2018	2019
销售额/亿元	4652.16	4851.41	4997.16	5211.73	5489.43	5785.60

（二）新式茶饮异军突起

伴随着消费升级，消费者更为精致的生活需求随之成长，新式茶饮成为消费热点，从而带动了门店数的增长。由图3-1可知，全国城市的新式饮品门店增长率翻两番。其中，一线城市的新式饮品门店增长率位居第一，新一线城市的增长率则从2017年的2.60%增长为56%，增长幅度最大。

并且，新式饮品领域已经从消费前沿趋势逐渐转变为较为日常的生活文化，龙头企业及品牌基本成形。如图3-2所示，美团点评餐饮学院对消费者购买新式茶饮的决定因素调查发现，65.6%的消费者是出于对产品的喜好而购买新式茶饮；购买咖啡则主要是因为切实的提神或消除疲劳效果。这表明，消费者购买新式茶饮的行为已从单纯的跟风转变为主动消费。

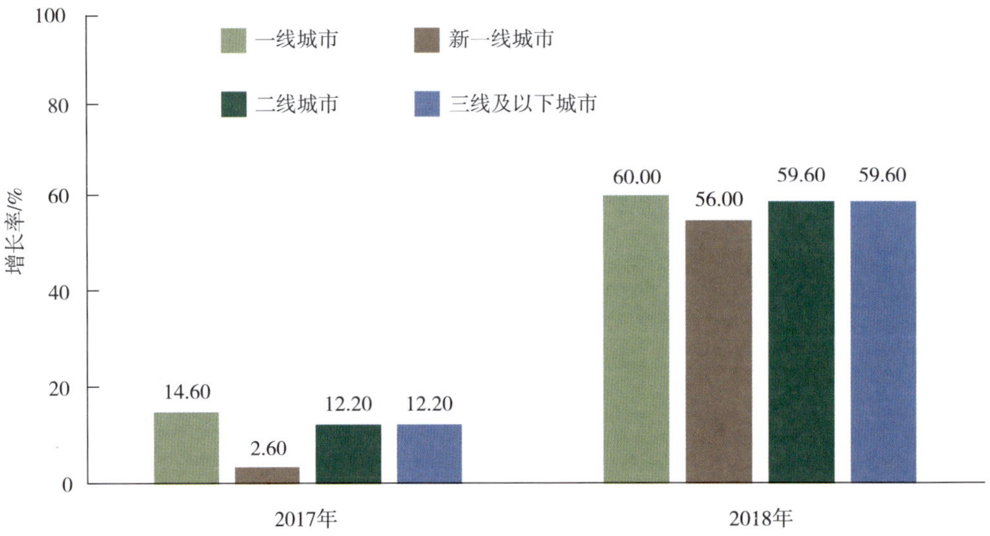

图3-1　2017年与2018年的新式饮品门店增长率

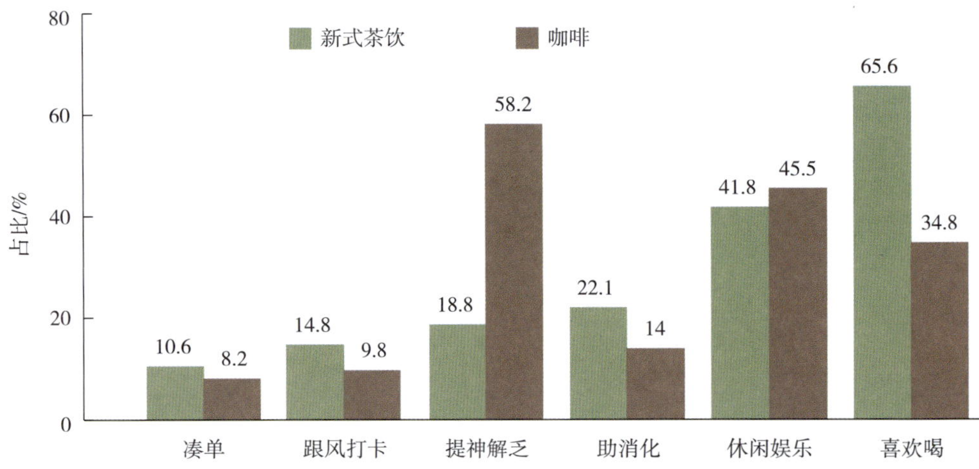

图3-2　消费者购买新式茶饮及咖啡的主要决定因素

（三）消费趋于个性化和健康化

随着中国经济水平的快速增长，消费市场的发展日新月异。如表3-2所示，2010年，多数城市居民消费者的收入水平仅满足于衣食住行等基本需求，当时，92%的城市居民的家庭可支配收入仅为14万元人民币甚至更少。目前，已有接近半数的中国家庭跻身较为富裕的家庭行列，可支配收入达到14万至30万元人民币。收入的增长让更多的消费者在满足基本的生活需求之后，开始追求更高的生活品质。

仅从调饮茶饮品的消费角度来看，消费者的行为正在发生变化，由过去的各种消费群体“普涨”的态势转变为不同消费群体之间差异化和个性化的消费行为。此外，健康意识的提高使得消费者的选择更注重健康性，60%的消费者表示会查看包装中的成分表，倾向于购买更加健康的产品。

表 3-2　中国家庭可支配收入水平

收入等级	家庭年可支配收入（2018年）	中国城市人口数量/百万	
		2010年	2018年
全球富裕	＞39 万	6	16
富裕	29.7 万 ~ 39 万	3	10
大众富裕	19.7 万 ~ 29.7 万	10	63
宽裕小康	13.8 万 ~ 19.7 万	34	311
小康	7.9 万 ~ 13.8 万	403	257
新晋小康	4.7 万 ~ 7.9 万	134	89
温饱	＜4.7 万	79	72
宽裕小康及以上人口比例		8%	49%

1．个性化

调饮茶产品的消费人群趋于年轻化，该年龄段的消费者更加注重自身需求和个人风格的体现。因此，消费体验和调饮茶产品的差异化、个性化变得日益重要。例如，新式茶饮企业在点单环节，为消费者提供了更多个性化的选择：温度可以细分为热饮、常温、去冰、少冰、多冰；甜度可分为多糖、全糖、七分糖、半糖、三分糖、无糖；并且，还可以选择添加其他辅料，如奥利奥、珍珠、椰果、布丁等。此外，调饮茶产品在品名和包装方面也注重突出个性化。例如，康师傅茉莉茶饮、统一的小茗同学、农夫山泉茶π，均根据自身定位的不同，进行了个性化的包装创新。

2．健康化

在城镇化程度、人均可支配收入及居民受教育程度三个因素共同提升的背景下，消费者健康饮食意识也相应提高。茶叶中的功能性成分众多，如茶多酚、咖啡碱、茶氨酸、茶多糖等，具有一定的保健功效。其中，应用最为广泛的茶多酚在抗氧化、防止心血管疾病、抗变态反应和调节免疫功能、防癌抗癌抗突变、抗辐射等多个方面具有生物学作用。茶多糖在具有降血糖、抗凝血及抗血栓、降血脂及抗动脉粥样硬化、增强机体免疫力、抗辐射、抗癌等方面具有生物学作用。随着上述茶叶功能性作用的不断发现以及绿色消费的逐渐兴起，消费者对以茶叶为基底的调饮茶也越来越关注，调饮茶的产品原料、制备工艺等同时升级，并向追求天然、健康、口味和营养的方向发展。例如，以茶为本、成分更天然的新产品更吸引消费者。并且，茶粉产品以及含有大量甜味剂和其他香料、添加剂的产品销量在缓慢下降。此外，制备过程也由原来的人工制备升级为先进的萃取、冷泡等工艺。在满足人们口味需求的同时，也满足消费者对营养和健康的要求。

3．高端化

目前，调饮茶新的增长动力主要来源于消费者对更高端茶饮的渴望。高端茶饮料不仅要满足消费者的健康和口味需求，还要满足消费者的心理感受和内心需求，以产品消费场景、饮品的外观与包装两个层面的升级与创新的方式，即通过形式产品（包装、造型、品牌）或消费场景的情景化、个性化、品牌美学等差异，增加产品的独特性提升消费者的新鲜感和体验感，并体现产品延伸的附加价值和利益。例如，统一推出的阿萨姆小奶茶采用小清新偏文艺的设计，主流消费群定位在18～30岁的年轻时尚群体，价格为6元/360毫升。

4．多元化

人们对调饮茶品质的追求也越来越高，由此带来调饮茶市场新一轮的变革，茶饮市场的更新迭代速度加快，单一的健康饮品已经无法满足消费者的需求，产品趋于多元化。这种多元化不仅体现在产品口味多样，而且表现为搭配口味多元的甜品。例如，根据大众点评数据，同时布局软欧包和新式茶饮的乐乐茶，在服务和口味上均略高于喜茶，并且通过主营“软欧包＋鲜果乳酪茶”这一产品组合，冬季面包销售额能达到总销售额的70%左右。即使在茶饮更畅销的夏季，乐乐茶的面包销售额占比也能达到50%～60%。多元化和复合化的产品设计将提高茶饮产品的附加值，有利于产业的长久发展。

（四）产业布局呈现辐射状扩张

除新式茶饮以奶茶店的形式分布较为分散之外，工业化瓶装茶饮料和杯装冲泡调饮茶的产业布局较为相似，均呈现辐射状扩张态势。

1．工业化瓶装茶饮料

目前我国瓶装茶饮料品牌有100多个，生产企业有40多家。其中，瓶装茶饮料十大品牌如表3-3所示，绝大部分企业为综合性的饮料生产商。综合来看，茶饮料产业布局表现为以主要原材料——茶粉以及茶浓缩液的生产企业为中心，通过各个茶饮料生产厂家向全国主要销售地区辐射。茶粉以及茶浓缩液的生产企业集中分布于我国主要的茶叶生产区域，如福建、云南等地。例如，茶粉、茶浓缩液国家标准的起草与制定单位“福建仙洋洋生物科技有限公司”就位于福建省周宁县。目前，该公司已经与康师傅、联合利华、今麦郎、达利集团（达利园）、广药集团（王老吉）、娃哈哈集团等主要的茶饮料生产企业达成深度合作，为其提供工业化瓶装茶饮料生产所需的茶粉及茶浓缩液。

表3-3　2019年我国瓶装茶饮料十大品牌

品牌	企业名称	产品种类
康师傅	顶新国际集团	冰红茶、绿茶
统一	统一企业（中国）投资有限公司	冰红茶、绿茶、果茶
王老吉	广州白云山医药集团股份有限公司	凉茶
加多宝	加多宝（中国）饮料有限公司	凉茶
维他	深圳维他（光明）食品饮料有限公司	柠檬茶
天喔茶庄	天喔食品（集团）有限公司	蜂蜜茶
农夫山泉	农夫山泉股份有限公司	东方树叶、茶π等
三得利	三得利（中国）投资有限公司	乌龙茶、麦茶等
立顿	联合利华（中国）投资有限公司	红茶、绿茶、柠檬茶、花茶、奶茶
和其正	福建达利食品集团有限公司	凉茶

2．杯装冲泡调饮茶

相对而言，杯装冲泡调饮茶生产厂家的分布更为集中，生产基地主要位于消费市场比较成熟、经济较为发达的浙江、上海和广东等地区，并在具备一定的市场基础之后，其产业布局才开始逐步向全国范围辐射。以龙头企业香飘飘为例，香飘飘股份有限公司目前已在浙江湖州、四川成都和天津三个城市建立冲泡奶茶的生产基地，并通过其销售网络覆盖全国各省市区县80%以上的零售终端。因此，杯装冲泡奶茶的产业布局是优先开展于发达地区，随后才逐渐向三四线城市渗透。

二、龙头企业经营状况

企业是构建调饮茶产业体系的重要主体，在发挥协作引领、产品辐射、技术示范、知识输出和营销网络等方面发挥着重要作用。本节选取康师傅、统一、农夫山泉等五个龙头企业，通过阐述其发展现状和历程，进一步分析其产品开发和营销的成功之处，以期为后续章节奠定基础。

（一）康师傅

2019年8月，新华网新华睿思·数媒智慧分析平台梳理新闻网站、论坛及贴吧、微博、微信公众号、移动新闻客户端、平媒电子版及境外站点的数据后，公布了《食品品牌竞争力评价体系》报告，该报告从品牌传播力、品牌管理能力、品牌美誉度、品牌延伸发展能力和企业社会责任贡献度五大维度对食品行业品牌影响力进行了分析。其中，康师傅在饮料领域中排名行业第一。作为我国茶饮料行业的巨头之一，康师傅于2018年以超过35.3亿升的销量荣获"即饮茶销售量世界纪录"，彰显出康师傅作为即饮茶市场龙头企业的雄厚实力，也是消费者对其产品品质和创新的肯定，进一步夯实康师傅饮品控股有限公司的行业领军地位。由图3-3可知，康师傅的销售额由2009年的173.64亿元增长为2019年的356亿元，累计增长105%。其中，康师傅冰红茶、绿茶等茶饮料已成为国内茶饮料第一品牌，市场占有率达到53.9%。尽管康师傅的销售额自2013年以后有所下降，但近五年饮品销售额始终保持在300亿元以上，占据行业领军地位。

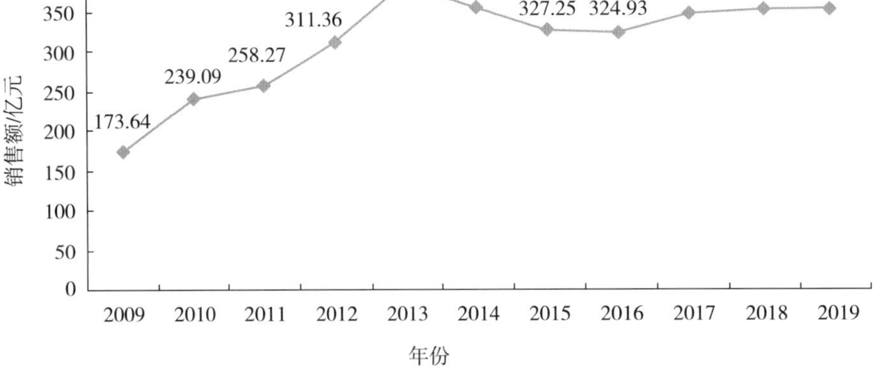

图3-3 2009—2019年康师傅饮品销售额

（2009—2019年销售额经当年汇率转换为人民币）

从康师傅的发展历程来看，1997年康师傅进军茶饮市场，从最初的冰红茶单一产品，到红茶、绿茶、乌龙茶、铁观音茶、茉莉茶、果味茶等多口味兼具的多元化产品体系的搭建，二十多年来康师傅持续深耕市场，不断挖掘消费者新口味。康师傅严格管控茶叶原料的质量安全，创新专利工艺，萃取茶叶精华，保留茶味清爽不苦涩，并开发更多元化和更优质的产品，迎合不断升级的消费需求。产品技术创新之余，销售方式的扩展创新也是康师傅提高市场份额的重要原因。康师傅在完善传统销售渠道同时，与腾讯、阿里、苏宁小店、京东等互联网科技企业达成战略合作关系，通过融入数字化生态网络，实现从“零售”到“整链”的数据化精准营销。此外，创新性的多元化营销也是康师傅饮品备受青睐的原因之一。以康师傅冰红茶为例，其营销活动紧紧围绕年轻消费群体展开。如联合NBA，用体育营销锁定年轻人群体；与“火箭少女101”女子演唱组合开展影视合作，释放粉丝购买力和传播力等。正是因为在营销渠道上的大胆创新，康师傅的茶饮料市场占有率持续领先。

目前，康师傅控股公司在全国已建有天津、广州、杭州、重庆、武汉、沈阳、西安、福州、青岛、哈尔滨、新疆、昆明共12个生产基地，93条生产线。康师傅茶饮料的产品线包括康师傅绿茶、冰红茶、冰绿茶、劲凉冰红茶、劲凉冰绿茶、乌龙茗茶、铁观音茶、蜂蜜绿茶、茉莉清茶、茉莉蜜茶、茉莉花茶、大麦香茶等。

图说

康师傅的品牌营销之路

一、场景化营销：康师傅绿茶携手新生代明星易烊千玺打造一系列“活力加酚”主题活动，全面传递康师傅绿茶富含茶多酚，有助于缓解疲劳，专注于活力场景的营造。

二、娱乐营销：康师傅冰红茶赞助《创造101》，以产品摆放、创意插播、互动植入等多种方式合作，彰显出“燃痛快”的品牌理念和自信，提高品牌曝光度，吸引年轻人的注意。

三、粉丝互动：康师傅签约众多大众评选偶像，在官方微信平台与消费者进行互动，再通过线下粉丝见面会获得消费者的青睐。

资料来源：新华网《食品品牌竞争力评价体系报告》
（https://tech.sina.cn/2020-05-18/detail-iircuyvi3659455.d.html.）

（二）统一企业

统一企业于1995年和1998年分别推出统一冰红茶和统一绿茶，在我国建有东北、华北、华东、华南、华中、西部等8个生产区域共33个生产基地，其中长春、石家庄、烟台、漯河、南昌、徐州、南京、南宁、澄迈、贵阳、重庆、白银、阿克苏13个生产基地主要生产饮料产品，并在相当长的时间内成为仅次于康师傅的国内工业化瓶装茶饮料市场的第二大销售企业，特别是在2013年，茶饮料（不包含奶茶饮品）销售额突破64亿元人民币，如图3-4所示。然而，随着经济的发展和时代的变迁，消费者的偏好和购买力也都发生了巨变，消费者对健康需求的提升以及其他饮料品类的丰富，使得传统茶饮料市场受到一定影响。数据显示，2014年康师傅、统一等传统茶饮品牌的销售均出现一定幅度的下滑。其中，统一的饮料业务收益下滑至55.26亿元，降幅接近14%。如何通过激发消费者购买欲来激活市场，成为当时亟待解决的问题。

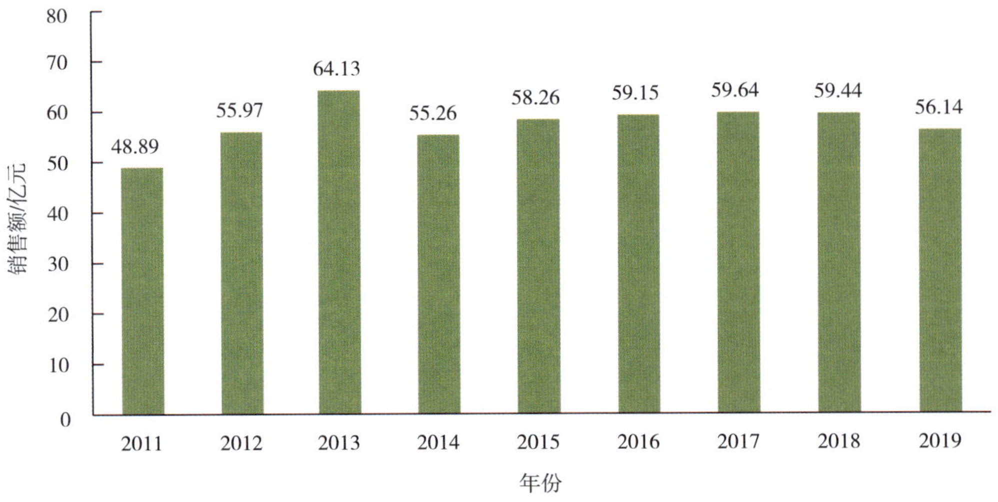

图3-4 统一企业2011—2019年茶饮料销售额（奶茶饮品未统计在内）

2015年3月，为抓住“95后”这一新生的消费者群体，统一企业推出全新品牌——“小茗同学”冷泡茶。自上市后，“小茗同学”锁定95后年轻族群，以“认真搞笑，低调冷泡”为产品口号，打造一款与年轻消费者产生共鸣、好喝又好玩的专属饮品。产品以新颖独特的包装和鲜爽好喝的口味迎合目标消费者需求，并借助互联网推进线上线下联动，在饮料旺季迅速提升品牌知名度，销售额直线上升，缔造销售佳绩。统一企业2015年发布的财报显示，2015年统一茶饮料整体销售收益为58.26亿元，同比增长5.4%，有效扭转了销售额下滑的趋势，市场占有率提升至24.8%。其中“小茗同学”冷泡茶仅四个月的销售额就超过了4亿元，与统一冰红茶和统一绿茶形成三足鼎立的产品结构。

图说

“小茗同学”的大热来袭

“小茗同学”是统一集团2015年3月份推出的一款冷泡茶饮料，借助其全方位的营销策略，在竞争激烈的茶饮料市场中脱颖而出。2015年统一的年报净利润8.3亿元，同比增长192.26%，其中“小茗同学”功不可没，贡献了接近20%的销售业绩，堪称近两年来茶饮料销售的典范。

一、借势“微博营销”，引发话题讨论。从图中所示的参与“小茗同学”微博互动的用户数据来看，24岁以下的用户占到了49%，而女性用户更是占到了56%。女性用户占比较高，而且互动意愿更强烈，促进了“小茗同学”的口碑传播。

二、借助表情包，打开年轻市场。创造性的采用“小茗”呆萌形象塑造品牌个性，创造了16款微信表情，浓缩诸多“95”后常用的生活词汇，配上各种形象的动作，以“润物细无声”的方式诠释出“小茗同学”的品牌形象。

三、IP营销。借助网络视频平台，通过QQ空间短视频以及地铁直播等方式融入消费者日常生活，获得大众的认可和喜爱。

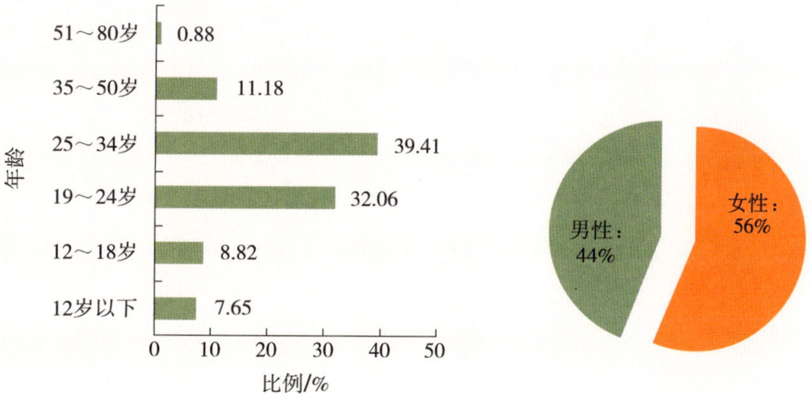

（1）　（2）

小茗同学微博互动用户分布

数据来源：数据冰山，调味茶饮料“小茗同学”能热卖有哪些因素？（https://www.zhihu.com/question/29994107.）

（三）农夫山泉

农夫山泉于2011年开始推出茶饮料产品，如表3-4所示，目前已经形成红茶、绿茶、乌龙茶、花茶等多品类的茶饮料体系，产品种类丰富，口味多样，获得越来越多消费者青睐。第一款“东方树叶”主打无糖原味茶的概念，售价为3.5元/瓶。此后，农夫山泉陆续推出打奶茶、茶π、泡泡茶等系列产品。其中，“茶π”的销售量最为突出，该产品与东方树叶相似，主要包括乌龙茶、茉莉花茶、红茶、绿茶四种口味，但是在原来东方树叶配方的基础上添加了水果成分。并且，“茶π”系列产品将目标瞄准年轻消费群体，产品外观为抽象化和意象化的个性清新插画，获得众多消费者的喜爱。上市仅七个月便突破10亿元大关，成为2016年最成功单品之一。

表 3-4　农夫山泉茶饮料产品

品类	口味	容量	价格	上市时间
东方树叶	红茶 绿茶 茉莉花茶 乌龙茶	500 毫升 / 瓶	3.5 元 / 瓶	2011 年
打奶茶	抹茶 红茶	320 克 / 瓶	6.5 元 / 瓶	2013 年
茶 π	西柚茉莉茶 蜜桃乌龙茶 柚子绿茶 柠檬红茶 玫瑰荔枝红茶	500 毫升 / 瓶	5 元 / 瓶	2016 年
泡泡茶	柠檬茶 柚子茶 清酒茶	380 毫升 / 瓶	5 元 / 瓶	2018 年

图说

农夫山泉茶π新包装

2016年3月，农夫山泉茶π横空出世，时尚的瓶颈设计，搭配想象力十足的包装插画以及迎合年轻人需求的清爽口味，让这款新产品在上市后迅速在琳琅满目的茶饮产品中脱颖而出。随即实现“7个月10个亿”的销售神话。茶π之所以实现如此骄傲的成绩，很大程度上归功于品牌一以贯之的“自成一派”的理念，不仅要求自己做到独特，而且将用户定位于具有强烈个性需求的“90后”群体。

茶π的新包装选择富含想象力、线条和色彩都更加明快的手绘插画，形成清新淡雅的风格。同时，借助插画将茶文化的故事娓娓道来，融入其中，充满故事性和趣味性，更加吸引消费者的关注。

资料来源：农夫山泉新举措[J]. 酒·饮料技术装备，2019（3）：68–70.

（四）香飘飘

香飘飘食品有限公司于2005年推出杯装冲泡调饮茶产品，主要产品有经典系列和好料系列两大类杯装冲泡调饮茶，如表3–5所示。杯装冲泡奶茶销售额在2008年突破10亿元，2010年突破20亿元，增速极为迅猛，但在2012之后增速有所下降。尽管如此，香飘飘食品有限公司不断推动产品的创新升级，以丰富的产品种类满足消费者的多样化需求，其市场份额依然占据行业第一。

表 3–5　香飘飘杯装冲泡调饮茶产品

	产品名称	特征
好料系列	雪糯椰浆奶茶	精选雪糯米，颗粒分明，口感软糯；融合椰子的椰子风味，清香甘甜
	蓝莓奶茶	采摘新鲜蓝莓，富含花青素，浑圆可爱
	芒果布丁奶茶	新鲜芒果，每一刻都散发着成熟的味道，口感嫩滑，甜而不腻
	芝士燕麦奶茶	当香浓芝士碰撞醇香燕麦，融入幼滑奶茶，麦味奶香，软糯香滑
	红豆奶茶	去除杂质，力求红豆的完整与饱满，温柔熬煮，软糯香甜
经典系列	巧克力味奶茶	浓情丝巧，软弹椰果
	麦香味奶茶	馥郁麦香，软弹椰果
	草莓味奶茶	“莓”味时刻，软弹椰果
	咖啡味奶茶	啡比寻常，软弹椰果
	香芋奶茶	芋你香遇，软弹椰果
	原味奶茶	经典口味，软弹椰果

1．主营业务稳步提升

根据香飘飘2018年的年度报告数据显示，截至2018年，香飘飘累计销售111亿杯杯装冲泡调饮茶。如表3-6所示，2018年，香飘飘杯装冲泡调饮茶的营业收入实现32.24亿元，较上年增长23.27%，其中经典系列和好料系列的奶茶营业收入分别为17.72亿元和10.32亿元，同比增长10.54%和29.90%。此外，2018年香飘飘奶茶的毛利率达到40.69%，总体仍保持较高的利润率。

表3-6 2018年香飘飘主营业务分布

类别	营业收入/亿元	运营成本/亿元	毛利率/%	营业收入比上年增减/%	营业成本比上年增减/%	毛利率比上年增减/%
			分行业			
奶茶	32.24	1.91	40.69	23.27	23.28	–0.01
			分产品			
经典系列	17.72	10.25	42.18	10.54	10.18	0.19
好料系列	10.32	5.84	43.45	29.90	25.68	1.90
液体奶茶	2.18	1.50	31.53	0.55	–4.30	3.47
果汁茶	2.01	1.54				

2017年上半年，香飘飘开始涉足即饮板块，推出包括“MECO”和“兰芳园”系列即饮奶茶产品。2018年7月，公司又推出“MECO”同品牌下果汁茶系列，定位更高端的奶茶，旨在与传统杯装冲泡调饮茶形成互补，弥补传统杯装冲泡调饮茶季节性缺陷以及公司对于单一产品的依赖。2012—2018年香飘飘的营业收入呈现平稳增长态势，2018年营业收入突破32.51亿元。从历年营业收入对2012年的复合增长率来看（图3-5），各年的年复合增长率均维持在4%以上的水平，增长速度较为平稳，仅2015年的营业收入年复合增长率较低（为0.47%），可能的原因在于2015年，香飘飘开始重新定位消费场景，改变产品定位为“代餐”饮料，提出“小饿小困，喝点香飘飘”，品牌转型过程影响了产品营业收入的增长，而2016年创造消费场景的效果开始显现，促进了营业收入的持续增长。

2．产品营销深入人心

2014—2016年，香飘飘每年在电视媒体和网络媒体上的广告投入金额分别为3.32亿元、2.53亿元、3.59亿元，平均占据销售费用的50%左右。公司在营销过程中始终强调其行业领先地位，广告语“杯子连起来可绕地球*X*圈”，通过夸张、直接的形式，提高消费者的品牌

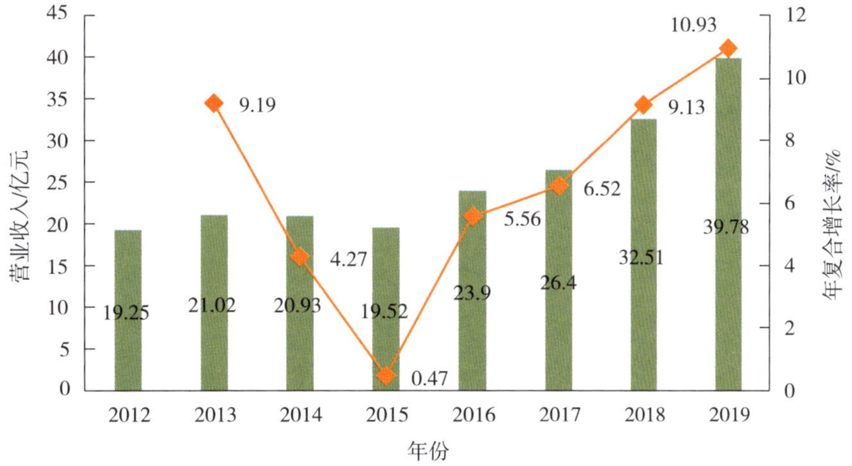

图3-5　2012—2019年香飘飘奶茶营业收入

认知度。与此同时，伴随着消费升级的时代潮流，2015年香飘飘重新定位为代餐饮料，广告词设计为“小饿小困，喝点香飘飘”，充分利用场景化营销，创造消费者潜在需求。销售数据显示，香飘飘重新定位后仅两个月，线上天猫成交量增加200%，线下华东地区143家门店的销售额也平均增长56%。

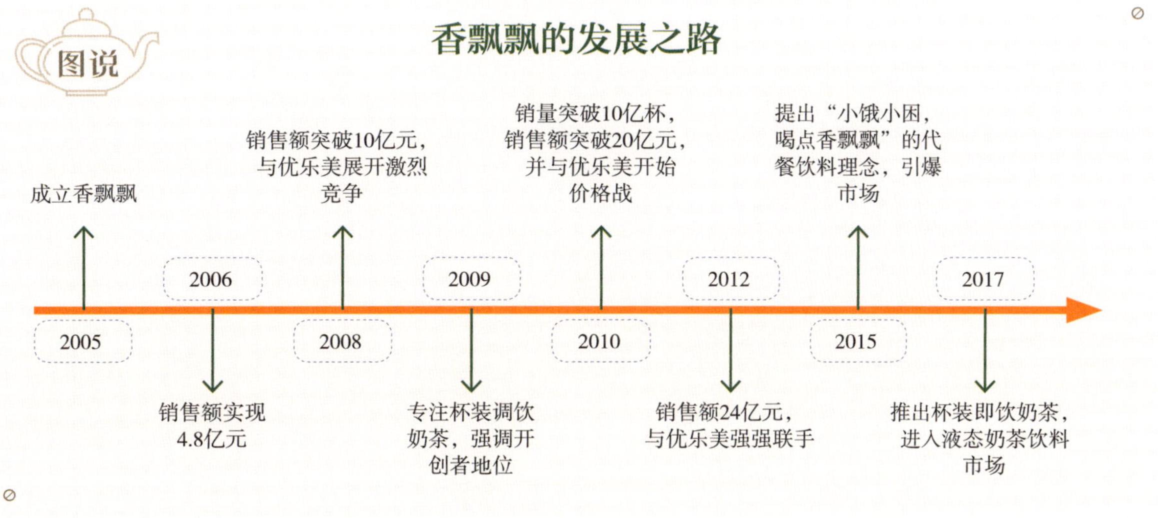

（五）喜茶

喜茶HEYTEA于2012年成立于广东江门，为芝士现泡茶的原始开发者。目前，喜茶门店主要分布于广东地区，共有51家直营店。2017年2月，喜茶入驻上海市场。有相关数据显示，喜茶的平均单月单店营业额为100万元以上，最低也可达到50万元。由图3-6可知，2019年喜茶的门店扩张速度惊人，2018年以前，喜茶主要针对北上广深的一线城市及华南、珠三角等区域拓展市场；2018年，开始针对新一线城市拓展市场，包括成都、西安、重庆、武汉、天津、郑州、无锡、青岛、济南等，并进入西南、中部、沿海和北方主要城市。2019年，开始提高一线城市和新一线城市覆盖率，实现全国布局的重要目标，另外，海外开店也成为喜茶2019年的战略重点。

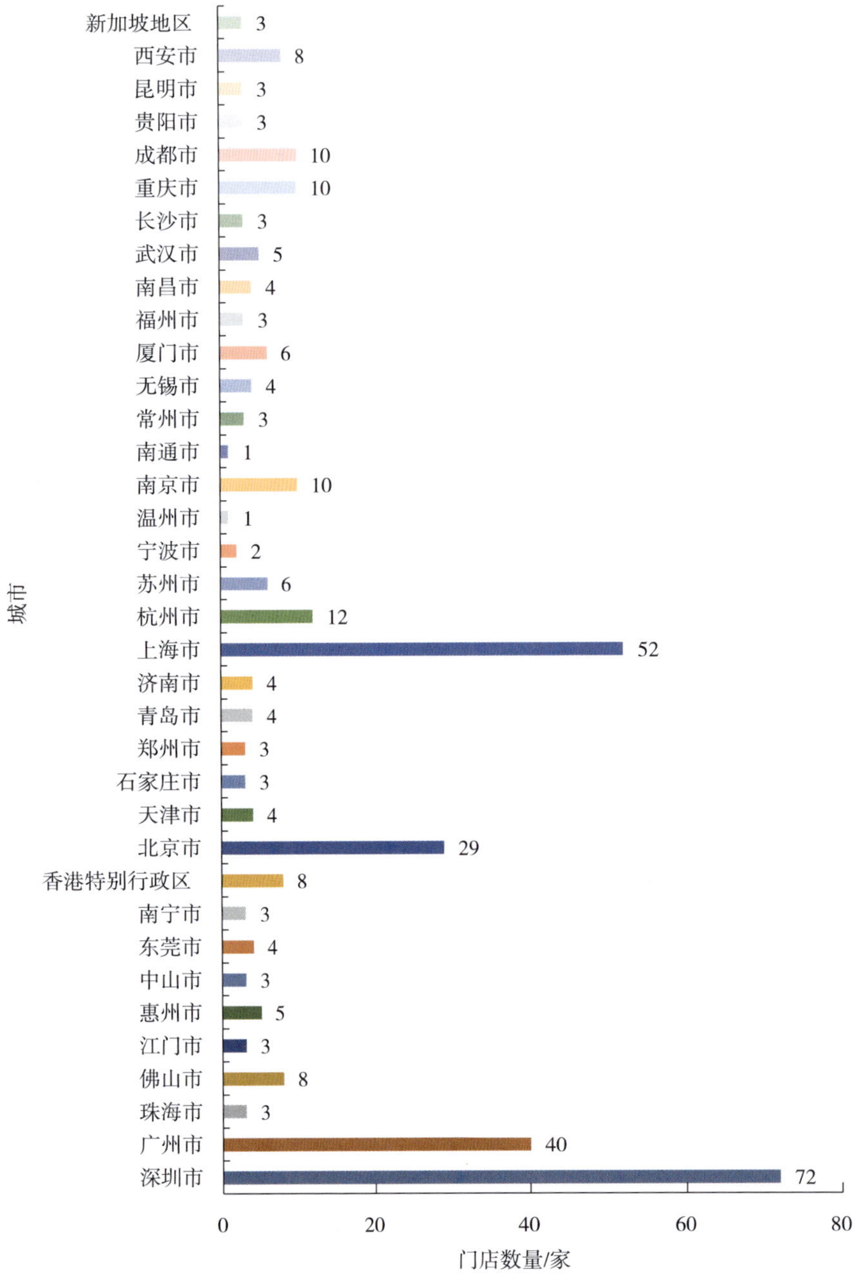

图3-6 2019年喜茶的门店分布

就产品定位而言，喜茶自我定位高端产品，原料均来自定制或优质产地，在源头确保产品质量；在产品制作工艺方面，喜茶冲泡坚持使用100℃高温水，60秒高压萃取，且每个茶袋只使用一次，最大限度保持新鲜茶香。同时，喜茶以新一代年轻人为目标客户群体，将潮流元素融入产品的创新和研发，首次将“咸芝士奶盖”与天然茶香融合，推出奶盖茶，不定时推出时令新品以呈现当季最新鲜的风味，如“芝士莓莓”“芝士芒芒”等。在直营店的店铺设计上，喜茶融合中国传统文化与现代艺术，将禅意、极简、美学等元素融入其中，营造质感层次丰富的消费空间，为茶客们带来多维度感官体验，吸引了大量消费者。

人均收入水平的提升与茶饮新时尚的形成，带动消费习惯的变革，资本方对调饮茶的发展普遍持积极态度。前瞻产业研究院所发布的《2013—2017年中国软饮料行业产销需求与投资预测分析报告》指出，资本方看好中国调饮茶产业发展前景的原因主要有四个：首先，中国市场体量仍在不断扩大；其次，中国人均可支配收入提升，消费习惯升级，消费者追求更为高品质、更精致的消费的能力和意愿均不断增强；同时，女性的消费能力提升，成为调饮茶的主要消费群体，从而带动该产业发展；最后，消费者购买调饮茶的动机逐渐从从众心理和好奇感，转变为对产品有更实际的需求，调饮茶逐渐下沉为一种新的生活方式。

三、发展趋势和机遇分析

调饮茶产业作为我国软饮料行业的重要子行业之一，市场需求越来越大，预计未来几年仍将保持两位数的高速增长。在此前提下，本节在阐述调饮茶发展现状及特点、龙头企业经营情况的基础上，分析调饮茶产业的未来发展趋势和机遇。

（一）市场未来发展潜力巨大

进入21世纪以来，中国的经济建设高速发展，人们的生活水平显著提高，人均消费水平也在逐年增长，中国正处于不断满足人们日益增长的物质文化需求的发展阶段。如图3–7所示，2019年中国居民人均消费支出为21559元，城镇居民人均消费支出突破28000元，保持8%左右的稳定增速。2019年，全国最终消费支出对国内生产总值增长的贡献率为57.8%，与2015年相比累计提高16.5%。因此，中国消费者的消费水平正在提升，购买能力不断提高。并且，由于引领新文化与新潮流的“90后”“00后”逐渐成长为重要消费群体，已形成饮品文化的调饮茶未来仍有较大发展空间。

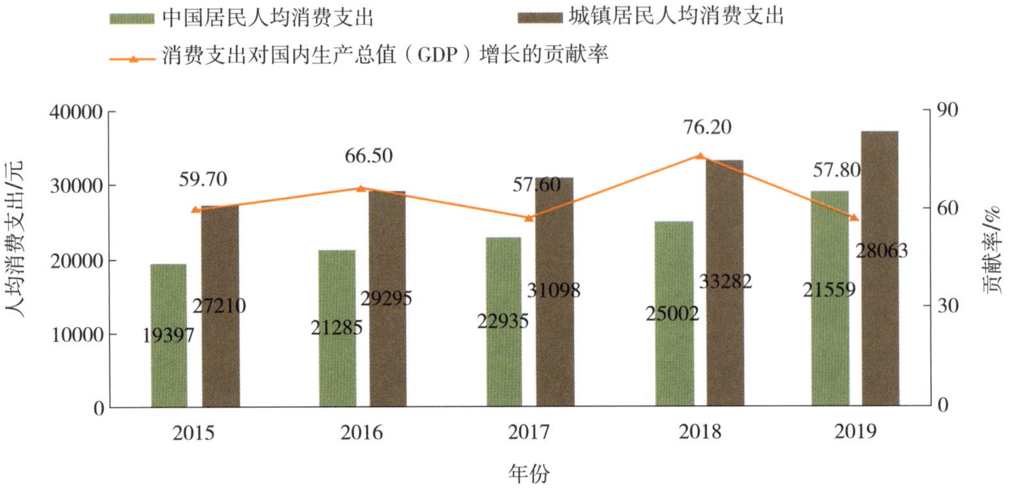

图3-7　2015—2019年中国消费支出情况

此外，随着人们消费水平的不断提升，人们对于产品品质的追求也日益提高，茶饮作为一种健康、绿色的饮品，其市场发展前景极为广阔。2017年，美团点评发布了《2017中国饮品店发展报告》，该报告对中国25个城市15岁到45岁消费者进行采样统计，依据年均购买杯数、杯均价和购买饮品的比例等调研数据，运用凯度消费者指数得出我国现制饮品行业的未来发展空间超过千亿的结论，如图3-8所示。

图3-8　2017年对中国饮品市场规模的预测

（二）需求变化与消费升级并重

随着消费者健康养生观念日益浓厚，被誉为“新生代饮料”的调饮茶将传统茶文化与现代饮品相结合，更符合现代人崇尚自然以及绿色的消费追求，呈现出蓬勃发展的态势，已成为年轻人日常生活中不可或缺的一部分。目前，在消费者追求个性化、多样化、品质化、健康化的背景下，调饮茶行业呈现出原料升级、工艺升级、产品升级、价格升级、营销渠道升级、消费环境升级等全方位升级，为广大消费者带来全新的消费体验，并带来产业布局和产品结构的重大调整。例如，目前调饮茶已逐渐融入年轻人生活，调饮茶产品已从“功能满足”

过渡到“功能和情感双满足”，在带给消费者味蕾享受的同时，通过超高的产品颜值，舒适高端的消费环境，满足消费群体的多维消费需求，使品牌与用户产生情感共振。

（三）部分调饮茶的市场趋于垄断化

除新式茶饮之外，我国工业化瓶装茶饮料和杯装冲泡调饮茶市场均呈现出垄断态势。其中，工业化瓶装茶饮料已成为仅次于包装饮用水和果汁的第三大饮料品类，市场规模占饮料整体规模的比重接近20%，市场集中化的趋势也较为明显。目前，我国工业化瓶装茶饮料上市品牌多达100多个，生产企业40多家，超过50个产品品项，但工业化瓶装茶饮料市场呈现比较典型的双寡头垄断模式。具体表现为，从2011年至2019年，工业化瓶装茶饮料市场的集中化趋势明显，如表3-7所示，仅康师傅和统一两家企业的市场份额就接近80%左右，销售排名前10位的瓶装茶饮料品牌占据超过96%的市场份额，主导厂商对市场的垄断越来越强。

表3-7　2011—2019年康师傅、统一茶饮料市场占有率（以销售量为基准）

品牌	2011年	2012年	2013年	2014年	2015年	2016年	2017年	2018年	2019年
康师傅	45.8%	44.2%	51.8%	53.9%	55.4%	53.2%	50.7%	47.1%	45.7%
统一	19.4%	22.7%	24.6%	—	24.8%	27.8%	—	—	—

目前，我国杯装冲泡调饮茶行业竞争格局已经较为稳定，香飘飘始终占据半壁江山，2014—2018年的市场份额均维持在56%以上，高于其他品牌市场份额的总和，如图3-9所示。根据香飘飘最新公布的2018年度业绩报告，2018年公司杯装冲泡奶茶销售额达到28亿元，占全年整个市场规模的63.1%，龙头企业的地位极为稳固。

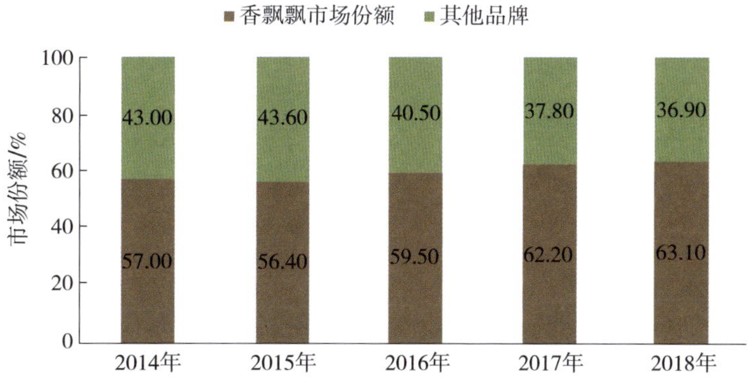

图3-9　2014—2018年中国杯装冲泡奶茶市场占比

（四）营销模式和方法趋于多样化

随着互联网的快速发展，调饮茶的经营模式也从单纯的线下经营发展为线上销售和线下体验相结合的经营模式，营销手段由传统的投放电视广告、纸质广告变成了电子平台、网络营销、知名博主推荐等方式，社交电商和电商平台等新业态不断涌现，新模式的市场增量所占份额越来越大，助力中国形成一个强大的国内消费市场。以新式茶饮店的经营模式为例，线下经营模式主要有直营和加盟两种。直营模式由总部直接投资经营，是以一个品牌为主导，在各地设立分公司或子公司的经营管理模式，实行统一核算制度，各直营店实行标准化经营管理。直营模式的优点在于可以统一调动资金，统一经营战略，统一开发和运行整体性事业，在人才培养使用、新技术产品开发推广、信息和管理现代化等方面，易于发挥整体优势，如“喜茶”和“奈雪的茶”等。加盟模式是总部将自己所拥有的商标、商号、产品、专利和专有技术、经营模式等以加盟连锁经营合同的形式授予加盟者使用，加盟者按合同规定，在总部统一的业务模式下从事经营活动，并向总部支付相应的费用。目前我国更多的茶饮品牌仍采取加盟方式作为主要的经营模式。

此外，随着新零售的兴起，线上线下有机融合，打造全渠道营销网络成为大势所趋。美团点评发布的《2019中国饮品行业趋势发展报告》的数据分析指出，国内新式茶饮未来将呈现零售化、社会化、线上线下一体化等趋势。除美团、饿了么等线上平台经营模式之外，线上社交媒体也成为产品推广的平台。中移互联网数据表明，截至2018年6月，我国互联网用户已超过11亿，且人均每日上网时间为5小时，社交网络飞速发展，成为新型营销媒介。例如，近年来快速兴起的“答案茶”，凭借抖音短视频平台上高流量视频传播获得极大的社会关注度，迅速实现市场推广。可能的原因是，抖音平台的主要用户呈现年轻化的特点，对产品有更多的个性化诉求，更愿意尝试新鲜事物，使得个性化、定制化的“答案茶”成为众多年轻消费者喜爱的新一代调饮茶。

（五）品牌化发展成为调饮茶产业的重要支撑

目前，调饮茶的产品类别丰富且同质化严重，消费者逐渐成为市场未来走向的重要影响因素。近年来，调查数据表明消费者对品牌的认可度和忠诚度不断提高，更愿意为品牌溢价买单，驱动调饮茶行业从分散、无序的市场状态向品质及服务驱动的成熟市场发展。中国品牌力指数（China Brand Power Index，简称C-BPI）由中国领先的品牌评级与品牌顾问机构Chnbrand实施，基于中国消费者对使用或拥有过的产品或服务反馈意见而建立的中国首个品牌价值评价制度。根据中企品研（Chnbrand）近年来发布的中国瓶装茶饮料品牌力指数，我国主要工业化瓶装茶饮料企业的品牌力指数数据及排名如表3-8所示。2017年至2019年，康师傅、统一、娃哈哈三大企业的中国品牌力指数持续保持领先地位，始终排名行业前三。其中，康师傅连续三年中国品牌力指数得分超过670，并呈现逐年上升趋势，远超其他品牌，成为引领产业发展的龙头企业。

表 3-8　2017—2019 中国主要工业化瓶装茶饮料品牌力指数排行

品牌	2017年		2018年		2019年	
	得分	排名	得分	排名	得分	排名
康师傅	677.9	1	684.2	1	690.1	1
统一	468.1	2	457.5	2	454.2	2
娃哈哈	391.5	3	376.4	3	385.2	3
达利园	321.7	4	326.4	4	329.1	4
农夫山泉茶π	215.5	12	271.5	7	278.3	5
今麦郎	267	6	272	6	275.8	6
三得利	284.5	5	284.7	5	275.1	7
天喔茶庄	256.4	8	267.5	8	263.6	8
东方树叶	253.6	9	261.9	9	262.6	9
立顿	236.5	10	253.1	10	242.3	10

此外，品牌效应对企业可持续发展、利润最大化、增强企业凝聚力、增强市场竞争力等方面有着积极的推动作用，拥有较高知名度、较好美誉度的品牌甚至对地区、国家有着巨大的宣传效应和带动效应。因此，品牌的打造将成为未来调饮茶产业发展的重要战略方向。

（六）数字化经济激活行业发展动力

在第四次工业革命背景下，服务领域特别是调饮茶行业的数字化趋势日益凸显，新一代信息技术不断突破和广泛应用，推动服务数字化、网络化、智能化、平台化，新业态和新模式的创新相继涌现。2018年，我国数字经济规模达到31.3万亿元，按可比口径计算，名义增长20.9%，占国内生产总值比重为34.8%，对国内生产总值增长的贡献率达到67.9%。数字经济已成为经济增长的重要引擎，推动着产业发展不断升级，刺激消费需求持续增长。利用新一代信息技术的链接、计算、分析能力，以线上数据交互带动线下资源配置优化，能够帮助调饮茶企业或门店克服原有的资源信息获取在物理空间上的约束，为资源优化配置和高效利用提供更为坚实的基础，同时促进管理模式革新、生产组织方式优化，提升决策、生产、流通、分配、消费模式的运转效率，带动生产运营效率的全方位提升，推动产业向高端化、快速化和绿色化等方向更快发展，倍增放大产业价值。例如，通过数字化门店提高经营效率，打通线上、线下渠道，为消费者提供丰富而高效的交易选择。此外，通过新一代信息技术与调饮茶产业的深度融合，提高企业准确把握消费者需求的能力，扩大消费信息的覆盖范围，将大量隐性需求转化为显性需求，延长产业价值链，促进新动能的蓬勃兴起，如图3-10所示。

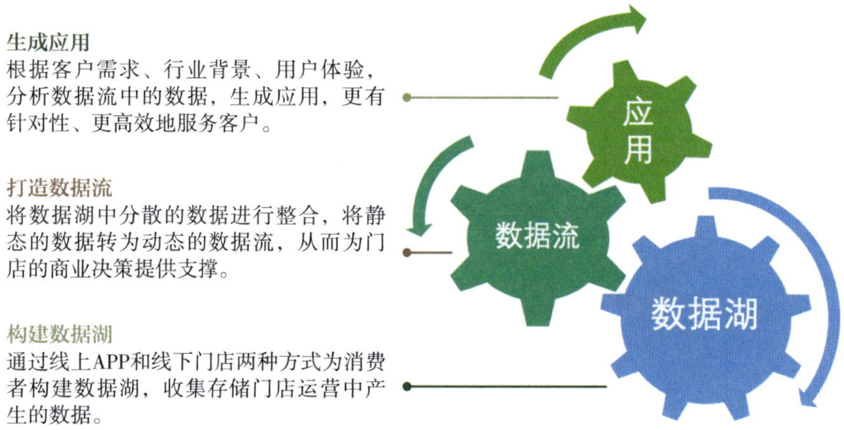

图3-10　调饮茶消费市场的数字化发展路径

本章小结

近年来我国调饮茶保持持续快速发展态势，消费趋于个性化、健康化、高端化、多元化，市场规模日益庞大，特别是新式茶饮异军突起，增长速度甚至超过工业化瓶装茶饮料和杯装冲泡调饮茶。尽管，产业整体布局呈现辐射状扩张，但是品牌效应日益显著，龙头企业的领军优势愈发明显。随着调饮茶产业呈现出营销多样化、品牌化、数字化的发展趋势，全新业态正日益形成，不仅是调饮茶产业难得的发展机遇，同时也具有一定的挑战。

参考文献

[1]　Chnbrand中国品牌力指数（C-BPI）茶饮料品牌排行榜2017—2019 [EB/OL].（2019-07-24）[2019-

12-12]．http://www.chn-brand.org/c-bpi/chayl1.html.

[2] 陈海霞．一种从粗老绿茶中提取茶多糖和茶多酚的方法：200910068255.0，2257009- 09-02[P].

[3] 豆丁网．中国饮料水市场分析以康师傅茶饮料为例[EB/OL]．（2019-10-12）[2019-12-12]. https://www.docin.com/p-932448471.html.

[4] 凤凰网．康师傅即饮茶销售量获吉尼斯世界纪录TM认证：以消费数据夯实行业领军者地位[EB/OL]．（2019-09-02）[2019-12-12]．http://biz.ifeng.com/c/7pdibi2ubK6.

[5] 黄宝生．从茶叶籽粕中提取茶多糖的工艺：200910029762.7[P]．2010-01-06.

[6] 黄静，张帆，陈素芹，等．中国茶饮料行业现状与展望[J]．中国茶叶，2017，39（5）：29-31.

[7] 康师傅官网年报数据：http://www.masterkong.com.cn/.

[8] 康师傅控股有限公司．康师傅控股有限公司年报[EB/OL].（2019-06-30）[2019-12-12]. http://www.masterkong.com.cn/index.shtml.

[9] 麦肯锡研究院．2020年中国消费者调查报告[EB/OL]．（2019-12-29）[2020-01-02]. http://www.woniupai.net/92126.html.

[10] 美团点评：2017年中国饮品店发展报告[EB/OL]．（2019-04-26）[2019-12-12]. https://max.book118.com/html/2018/0426/163174307.shtm.

[11] 美团点评餐饮学院．2019中国饮品行业趋势发展报告[EB/OL]．（2019-02-21）[2019-12-12]. http://m.sohu.com/a/296314221_822589.

[12] 美团发布．中国饮品行业趋势发展报告：线上线下联动销售将成行业趋势[J]．中国食品，2019（1）：86.

[13] 农夫山泉官网：http://www.nongfuspring.com/index.

[14] 欧阳鹏飞．一种从茶粕中提取高纯茶皂素的工艺：201210135718.2[P]．2012-09-12.

[15] 品牌榜．2019-2020年茶饮料十大品牌排行榜投票结果公布[EB/OL].（2019-10-21）[2019-12-12]. https://www.maigoo.com/news/459093.html.

[16] 前瞻产业研究院．2018年中国奶茶行业发展现状及市场趋势分析[EB/OL]．（2019-02-28）[2019-12-12]．https://www.qianzhan.com/analyst/detail/220/190228-6b04bbd3.html.

[17] 前瞻产业研究院．预见2019：中国茶饮料产业全景图谱[EB/OL]．（2019-05-09）[2019-12-12]. http://mini.eastday.com/a/190509110936431.html.

[18] 芮益芳．把什么卖给“95后”以及怎么卖“小茗同学”的心机：茶饮料如何抓住“95后”[J]．商学院，2016（7）：47-49.

[19] 食品产业网．中国茶饮料消费市场年增长速度达30%[J]．饮料工业，2012，15（8）：42.

[20] 统一企业中国控股有限公司．统一企业中国控股有限公司年报[EB/OL]．（2019-04-11）[2019-12-12]．http://www.uni-president.com.cn/annual.asp.

[21] 宛晓春．茶叶生物化学[M]．北京：中国农业出版社，2007.

[22] 喜茶官网：https://www.heytea.com.

[23] 香飘飘官网：http://www.zjxpp.com/index.html.

[24] 新华网．食品品牌竞争力评价体系报告：方便面品牌影响力康师傅统一位居前列[EB/OL]．（2019-08-07）[2019-12-12]. http://www.xinhuanet.com/food/2019-08/07/c_1124848803.htm.

[25] 新华网．饮料品牌影响力排行发布：康师傅、统一等品牌上榜[EB/OL]．（2019-08-07）[2019-12-

12]. http://www.xinhuanet.com/food/2019-08/07/c_1124848834.htm.

[26] 智能制造网．新式茶饮行业发展趋势：烘焙＋茶饮成引流有效手段[EB/OL]．(2019-06-11)[2019-12-12]. https://www.gkzhan.com/news/detail/117767.html.

[27] 中国报告大厅．2015年我国饮料行业现状及竞争格局分析[EB/OL]．(2015-05-26)[2019-12-12]. http://www.chinabgao.com/freereport /66672.html.

[28] 中国产业信息网．2019年十大茶饮料品牌企业排名[EB/OL]．(2019-08-28)[2019-12-12]. http://www.chyxx.com/top/201908/776232.html.

[29] 中国产业信息网．2019年中国饮料行业市场规模、产销规模及未来发展趋势分析[EB/OL]．(2020-05-22)． https://www.chyxx.com/industry/202005/865775.html.

[30] 中国经济和信息化研究中心．中国数字经济发展与就业白皮书(2019年)[EB/OL]．(2019-10-11)[2019-12-12]． http://www.xwzgcb.com/a/v.php?info_id=9543.

第四章　基于钻石模型的调饮茶发展驱动因素分析

一个产业能否持续发展并保持发展活力，充分发挥推动产业发展的各项驱动因素的作用显得极为重要。美国哈佛大学商学院战略管理学家迈克尔·波特于1990年在其著作《国家竞争优势》中首次提出“钻石模型理论”，用于分析一国某个产业如何形成竞争优势。波特认为，一个产业能够在激烈的竞争中脱颖而出，取决于四项环境因素及两项影响因素的效能。四项环境因素分别为生产要素，需求条件，相关及支持产业，企业战略、结构和同业竞争，两项影响因素分别为政府和机遇。因此，本章以钻石模型理论为基础，分析影响调饮茶产业发展的各项驱动因素。

一、调饮茶产业生产要素分析

（一）生产要素理论概述

生产要素条件指的是在该产业发展中所投入的各种资源，包括自然资源、基础设施、人力资源、知识资源、资本资源等。波特将各种生产要素按等级划分为初级生产要素和高级生产要素，初级生产要素是指天然资源、气候、地理位置、非技术工人、资金等；高级生产要素则是指现代通信、信息、交通等基础设施，受过高等教育的人才、研究机构等。在产业的竞争力方面，随着产业竞争力的提升，其原因是对初级生产要素需求的持续减少及供给量的持续增加，初级生产要素的重要程度逐渐减少；相反，高级生产要素就显得更为重要，高级生产资源需要在资本和人力资源等方面大量持续地进行投资，且并不像初级生产资源相对易于获取，因而高级生产资源对提升产业竞争力的重要程度是毋庸置疑的。

从另一个角度来看，生产要素也被分为一般生产要素和专业生产要素。高级专业人才、专业研究机构、专用的软硬件设施等被归入专业生产要素。高技术水平的产业尤为需要专业生产要素，而拥有专业生产要素的企业也会产生更强的竞争优势。因此，一个产业如果想通过生产要素建立起强大而又持久的优势，就必须发展高级生产要素和专业生产要素，这两类生产要素的可获得性与水平的高低也决定其竞争优势的高低。

（二）基于生产要素的调饮茶产业实证分析

1. 原材料不断升级

在原材料方面，调饮茶采用的原材料正不断升级。当前的新式茶饮摒弃了以往茶粉加奶精的调配方式，代之以原叶茶、鲜牛奶和新鲜水果，并且更加注重原材料的品质。许多新式茶饮品牌都有专业的茶叶原料供应商，专注于产品品质，为其提供健康、优质的原材料。例如，喜茶和上游茶园、茶农签订独家协议，并出资改良土壤，改进种植和制茶工艺，以减少农药残留和重金属残留；奈雪的茶则建造属于本企业的茶园，更易于系统地从茶叶种植阶段把控产品质量。

2. 资本投入增加

目前，投资资本大多看好新式饮品的未来发展潜力，调饮茶产业融资热度也日益增高。如表4-1所示，2015年12月至2019年2月，新式饮品领域的融资事件中，千万级人民币的融资事件有6起，而过亿级人民币的融资事件达到8起。市场融资热度呈现不断上升趋势，体现出资本向调饮茶产业不断倾斜，极大地推动了调饮茶产业的快速发展。

表 4-1　近年来我国新式茶饮融资不完全统计

品牌	时间	金额（CNY）	轮次	投资方
喜茶	2016 年 8 月	过亿	A 轮	IDG 资本、今日投资
	2018 年 4 月	4 亿	B 轮	龙珠资本、黑蚁资本
奈雪的茶	2017 年 7 月	1 亿	A 轮	天图投资
	2018 年 3 月	亿元及以上	A ＋轮	天图投资
茶颜悦色	2019 年 8 月	数千万	A 轮	元生资本、源码资本
乐乐茶	2018 年 9 月	—	股权融资	水滴资产
	2019 年 4 月	2 亿	Pre-A 轮	祥峰投资、汉能投资、如川投资等
煮叶	2018 年 4 月	数千万	Pre-A 轮	达晨创投
	2019 年 2 月	数千万	A 轮	动域资本、达晨创投
茶煮	2018 年 3 月	数千万	种子轮	龙品锡资本

3. 技术不断升级

除资本要素外，技术等相关要素同样极大地推动了调饮茶产业的发展。其中，技术要素的驱动主要体现在调饮茶生产及加工技术的进步以及产品的创新等方面。

首先，包装灌溉工艺实现了更新换代。从工业化瓶装茶饮料的包装及加工工艺来看，茶饮料包装形式主要有玻璃瓶、易拉罐、塑料罐头瓶装、双向拉伸聚丙烯（BOPP）瓶、聚对苯二甲酸乙二醇酯（PET）瓶等。近年来，PET瓶凭借其优异的性能、较为低廉的成本、符合环保要求以及无菌冷灌装技术的应用，在茶饮料包装材料中的应用日益广泛。无菌冷灌装是指在无菌的环境中，将预先进行灭菌处理后的饮料罐装到经过灭菌处理的包装容器中，并进行无菌密封。在茶饮料发展初期，灌装工艺主要以热灌装为主，利用高温有效地杀灭细菌（包括相关的细菌芽孢），但由于热灌装技术成本高、设备投资大，许多中小茶饮企业难以承担。因此，无菌冷灌装技术凭借其对茶饮料保色、保香等方面的优势，在茶饮料灌装领域得到迅速发展。

其次，调饮茶产业的技术难题被逐渐攻破，调饮茶品质得到了显著提高。越来越多的新技术和新工艺，如酶工程技术、微胶囊技术、非热杀菌技术和膜技术等技术，以及连续逆流提取、膜分离、超高温瞬时灭菌（UHT）、膜冷除菌等工艺，不断应用于茶饮料的生产过程，基本解决了影响茶饮料品质的关键技术问题。例如，茶饮料亟须解决的技术难题之一是如何在保持茶汤澄清透亮的基础上，最大化地保存茶叶中有效成分且降低苦涩味。酶解技术在绿茶饮料制备中的应用，既可提升茶饮料整体的鲜爽感、降低苦涩味，同时又可最大限度地保留茶叶中原本的有效成分、增加质感，进一步提升了茶饮料生产中茶汤澄清工艺的水平。现有数据表明，1990年我国茶饮料年产量尚不足20万吨，2015年的茶饮料产量已经超过了1000万吨，增长了50多倍，发展速度惊人。并且，液态茶饮料产品质量明显提高，茶饮料系列产品日益丰富，陆续推出了冰红茶、冰绿茶、龙井茶、茉莉花茶、原味茶等，使我国茶饮料产业得到快速增长。

最后，新技术的融合与应用不断推动调饮茶的产品创新。在新技术逐渐融入调饮茶生产制备的过程，极大地推动了产品创新。奶精、茶粉等原料逐渐被鲜奶、原叶茶等天然基底所替代。此外，生产加工技术日新月异也加快了产品的更新换代。例如，利用氮气加工技术制造出带有气泡口感的氮气茶；利用冷水长时间在密封容器中萃取原料成分即冷萃法制成的冷萃茶，如喜茶推出的“冷萃知秋”；以闸门控制滴入水量慢慢萃取制成的冰滴茶等。除了新食品技术的应用，在食材方面新式茶饮也开始探索摆脱传统茶饮的框架和束缚，在饮品的基底与辅料上加入非传统配料，如奶盖、芝士等，通过“跨界混搭”推动产品创新。以乐乐茶的花月诗酒茶为例，日式梅酒加上乌龙茶、哈密瓜、食用三色堇，将茶与酒融合制成新品。科学技术的发展和进步，极大地推动了调饮茶产业的创新和升级。

二、调饮茶产业需求因素分析

（一）需求因素理论概述

需求因素是指市场中对行业产品或服务的需求状况。波特在“钻石模型”中重点强调本国市场的需求对竞争力的影响，认为它是产业发展的动力。国内市场需求会影响一国产业发展的效率，市场需求的驱动是产业发展最直接也是最重要的动力。一方面，市场需求的增加可以促进产业取得规模经济从而增加产业效能；另一方面，市场需求还提供了产业发展的动力要素，可以激励企业的研发活动。

因此，市场需求的间接结果往往是技术创新。敏感的生产者捕捉到市场需求变动的信号，为抢占先机并进一步扩大既有的市场份额，会立即将这一需求变动信号传递给专门从事技术研究开发的机构，研发适应新需求的产品。新技术一旦开发成功，生产企业在经过中试等确认新技术可行性的相关步骤之后，会立即大批量生产并投入市场。消费者在购买的过程中，往往会更偏好于购买新上市的性能更优良、更能满足自身需要的产品，于是新产品将逐渐取代旧产品，从而实现新一轮的技术创新与产业发展。市场需求拉动机制模式运行过程如图4–1所示。

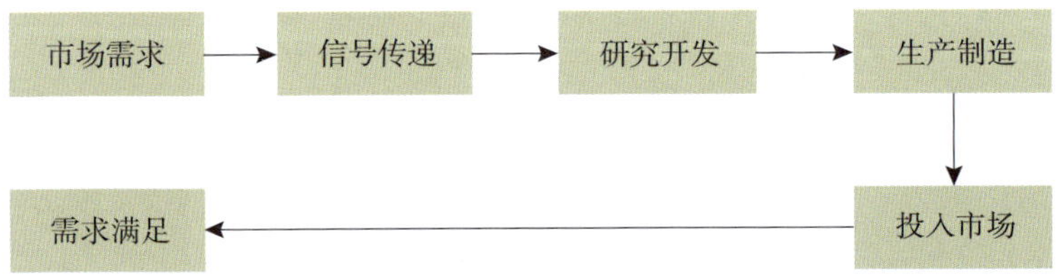

图4–1 市场需求拉动传导过程

（二）基于需求要素的调饮茶产业证实分析

1. 居民消费能力显著上升

根据国家统计局发布的数据，2016—2020年我国国内生产总值（GDP）由746395亿元增长到1015986亿元，2016—2019年GDP的增长速度一直保持在6.0%以上。受新冠肺炎疫情影响，2020年的GDP增长速度降为2.3%。2020年全国居民人均可支配收入为32189元，比上年名义增长4.7%，扣除价格因素，实际增长为2.1%，与经济增长基本同步。城镇居民人均消费支出由2016年的23078.9元增加到2020年的27007元，年均增长率4.0%。2016—2019年全国社会消费品零售总额由332316亿元增加到411649亿元，受疫情影响，2020年略微回落至391981亿元，从8月份开始，我国社会消费品零售总额同比开始正增长。2020年，全国线上零售额为117601亿元，比上年增长10.9%。其中，实物商品线上零售额为97590亿元，增长14.8%，占社会消费品零售总额的比重为24.9%；在实物商品线上零售额中，吃类、穿类和用类商品分别增长30.6%、5.8%和16.2%。由此可见，2016—2019年我国经济持续呈现稳中向好的发展趋势。尽管受新冠肺炎疫情影响，但是2020年我国经济已平稳恢复，居民消费能力显著上升，为调饮茶产业的纵深化发展营造了良好的需求环境。

2. 调饮茶消费实现了升级

中国是茶的故乡，茶文化历史悠久、源远流长，国民的饮茶方式也在不断发生演变。随着时间的推移和生产力水平的提升，调饮茶产业结构不断优化，产品持续升级迭代。从单调的红茶、绿茶到多品种多系列的茶饮料，从街头小作坊制作到现代化的规模化、标准化生产，从简单的茶粉加糖精到以茶叶冲泡为基底搭配新鲜水果、牛奶等现制产品，调饮茶产业的蓬勃发展不仅体现了消费者健康意识的崛起，也是社会经济迅速发展以及科技进步深入公众生活等社会环境变化的必然结果。

与此同时，我国消费者的自主文化意识也显著上升。20世纪90年代，受我国台湾和香港地区的奶茶文化以及欧美的咖啡文化影响，调饮茶在我国开始萌芽并初步发展。随着社会经济的发展和我国国际地位的提升，消费者自主文化意识也逐渐觉醒，对民族品牌的青睐极大地推动了我国调饮茶产业发展，本土品牌的调饮茶产品也日益兴起，市场份额日益扩大。

三、调饮茶产业的关联产业分析

（一）相关及支持产业理论概述

相关及支持产业是指具有竞争力的供应商及相关辅助行业，是产业实现可持续发展的重要基石。如果有产业链完全、技术和设备水平较高的相关支持产业作为支撑，一个产业则更容易形成竞争优势。因为具有竞争优势的相关产业能够带动其研发创新以及扩大市场份额。若一国某产业具有比较强的竞争力，则通过产业之间的相互融合、相互渗透、相互促进，其他相关产业的竞争力也会得到不同幅度地提升。

（二）调饮茶相关及支持产业的实证分析

1. 茶产业分析

调饮茶产业属于茶产业链的中下游行业，因而茶产业与调饮茶产业的发展密切相关。根据茶的种类及自然环境，可将我国茶叶产区划分为四大重点区域，分别是长江中下游名优绿茶区域、东南沿海优质乌龙茶区域、长江中上游特色和出口绿茶区域以及西南红茶和特种茶叶区域。2013—2019年中国茶叶种植面积与产量见图4-2。根据中国茶叶流通协会的统计，2018年，我国18个主要产茶省（自治区、直辖市）茶园面积为293.05 万公顷，较2017年增加8.18万公顷，增长率为2.9%；全国干毛茶产量为261.6万吨，比上年增加12.0万吨，增幅4.8%，产量排名前三位的省份是福建、云南、湖北，分别为40.16万吨、39.81万吨和31.45万吨，这三个省份都位于我国重点茶叶生产区域。2019年，我国18个主要产茶省（区、市）茶园面积为306.53万公顷，较2018年增加13.48万公顷，同比增长4.60%。茶叶产量为277.72万吨，较2018年增加16.68万吨，同比增长6.39%。从产值来看，2019年，我国茶叶总产值达到2396.00亿元，同比增长高达11.06%。

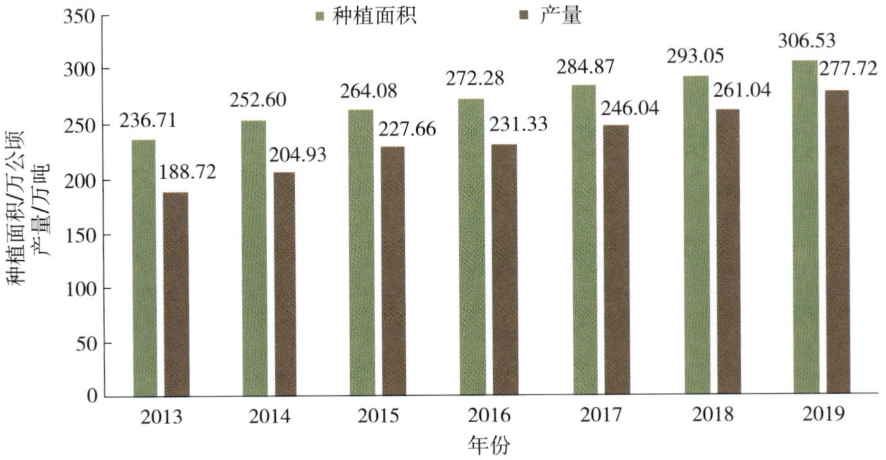

图4-2 2013—2019年中国茶叶种植面积及产量

此外，我国茶产业龙头企业逐渐实现了与茶叶生产基地有效衔接，形成茶叶产业链经营的良好模式。龙头企业拥有高素质管理人员和高水平的专业人才，经营规模较大，更易于实现机械化、自动化、标准化，并更快捷地获得市场的第一手信息。龙头企业能够帮助农户实现产销一体化、规模化、专业化和集约化，提高农户抵御风险的能力，从而在确保绿色种植的基础上提高茶叶的质量和生产效率。目前，福建八马茶叶有限公司、日春股份有限公司等就已经走在了茶叶产业化的前端。

2．信息化产业分析

伴随着“互联网＋”和整个移动互联网技术革命，信息化产业的发展也为调饮茶产业发展提供了新的机遇，尤其是移动互联网、物联网、大数据、云计算、人工智能等信息技术的快速发展，以及企业与用户间互联互通、线上线下融合、资源与要素协同的全新产业发展方式日益形成，互联网与传统行业实现深度融合，形成新的发展模式和业态。“互联网＋”产业的发展对调饮茶产业的推动作用主要体现在供给和需求两方面，新业态下的消费模式完全不同于传统消费模式，对产品生产、市场流通、经营销售都将产生巨大的影响，并最终形成消费模式的新常态。

在需求方面。首先，“互联网＋”与传统调饮茶产业的融合使消费更加具有互动性。互联网为消费者和生产者搭建了一个快捷实用的互动平台，让供求双方的直接交流成为可能。例如，美团点评等线上口碑平台的推出，消费者通过评价相关产品来表达诉求。并且，消费的多层次性和多样性与“互联网＋”的多元性高度契合，深度挖掘了许多未被有效满足的消费需求。再比如，王老吉凉茶在天猫上线的定制平台，消费者可以根据自身需要定制瓶身文字。其次，在“互联网＋”代表的新经济形态下，互联网的发展扩大了消费范围，使消费具有无边界性。因此，电子商务的发展对刺激消费欲望、释放潜在需求起到了重要作用。并且，“互联网＋”的发展极大提高了消费者的购买效率。随着网络技术的不断创新，使得包括商品搜寻、支付手段等在内的各种支撑技术得到了充分发展，线上线下联动的销售方式也极大扩展了新式茶饮店的辐射范围，满足了当前消费者方便快捷的购物需求。

在供给方面。首先，互联网产业的发展为调饮茶的多元化营销提供了平台。调饮茶企业积极运用新技术、新业态、新模式，将互联网思维和用户需求紧密结合，以用户为导向的个性化和智能化设计产品，塑造品牌个性，凸显品牌差异化，深度挖掘消费潜力。其次，伴随互联网技术的迅猛发展，数字营销逐渐迈入大数据时代。电子商务平台已涵盖用户行为、兴趣爱好等多维度的人群标签，根据用户的行为特征挖掘潜在人群，不断扩展出更大量级的目标受众并将相关数据提供给生产厂商。调饮茶企业能够借助相关数据改进产品及进行精准营销，在提高生产效率的同时，不断迎合消费者需求，为消费者提供更加完善、精准化的服务。

四、调饮茶产业的企业战略、结构及同业竞争分析

（一）企业战略、结构及同业竞争的理论概述

企业的战略、结构及竞争状况是指支配企业创建、组织和管理的内部和外部条件，以及国内

相关产业的竞争形势。产业特性不同、国情不同，往往会影响企业的目标、管理战略。此外，国内市场的竞争程度对于产业竞争力的提升也具有重要作用。一方面，如果市场竞争过于激烈，会导致资源被过度消耗，妨碍企业取得规模经济效应；另一方面，市场的同业竞争会使企业产生紧迫感，逼迫企业在创新方面加大投入，增强产品的技术含量和竞争力，占据市场竞争中的有利地位。

（二）基于企业战略、结构及同业竞争的调饮茶产业实证分析

1. 同业竞争情况分析

2018年，我国茶饮料行业市场零售额达到1367亿元，总零售量约161亿升。2014年之前，传统茶饮料行业处于量价齐升的扩容期，产品也日趋多样化，涌现出如旭日升、冰红茶、茉莉茶等系列产品。但2014年之后，“健康化”“个性化”“功能化”等新消费理念日益兴起，高糖分调味茶饮品热度下滑，助推市场的产品结构发生一定转变。为应对激烈的市场竞争以及消费者的多样化需求，传统茶饮企业不得不转变产品定位，推出一系列个性化、健康化、品质化的改良茶饮，如“小茗同学”冷泡茶、茶π系列。

相比于传统茶饮企业，新式茶饮满足了消费者追求品质、时尚健康等因素，呈现爆发式增长。新式茶饮门店集中于北上广深和江浙一带的一线及新一线城市，且不断向二三线城市延伸。但是，由于大多数新式茶饮门店生产流程比较单一，缺乏技术、资金、资质壁垒，行业进入门槛比较低，同质化现象也日趋严重。除喜茶、奈雪的茶、乐乐茶等连锁门店竞争力较强之外，层出不穷的小型新式茶饮店竞争激烈，想要做大做强极为困难。尽管如此，企业之间的竞争也推动了新式茶饮行业的转型与升级，一定程度上提高了调饮茶产业的进入门槛。

2. 产品创新层面分析

创新是产业发展动力的源泉，当新的技术发明出现并被引入生产领域时，就会引起生产各环节的连锁反应，最终完成和实现产业创新。新的技术应用于实际生产，使得更有竞争力或更能满足消费者需求的新产品进入市场。从最初的新技术研发到最后新产品出现在终端市场，整个过程就是创新对产业发展的推动过程，其传导过程如图4-3所示。

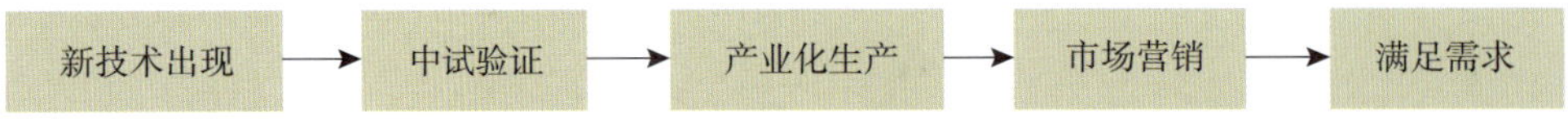

图4-3 创新传导过程

茶饮料生产龙头企业均较为注重产品研发，新式茶饮更倾向于通过创新产品打造独特品牌。以统一企业为例，统一企业研发中心有研发人员130人左右，其中40%以上为国内食品

专业知名院校硕士研究生；同时，公司在东北、华北、华中、华南及西南均配备研发人员，专门从事区域性食品饮料开发工作。企业研发费用占比也在逐年增加，目前为3‰左右，预计2020年将达4‰，后续将进一步提升到5‰，未来有望达到日本同类企业的研发投入水平。

相比于行业龙头产业，新式茶饮更倾向于通过创新产品打造独特品牌，凭借产品的差异性吸引不同的消费群体，如喜茶的茶极客实验室推出了“茶加酒”组合，将定制茶叶冲调再混入各类酒饮，推出了“春不夜 · Spring”“夏会醉 · Summer”“秋晚归 · Autumn”“冬未眠 · Winter”4款茶极客特调饮品，进一步提升了产品的多样性。

3．产品零售层面分析

随着新零售模式逐渐兴起，茶调饮企业开始尝试以互联网为依托，通过运用大数据、人工智能等技术手段，对饮品的生产、流通与销售过程进行升级改造，进而重塑业态结构与生态圈。例如，运用特色场景增强用户体验，实现全面化、立体化的营销。随着互联网技术的发展和平台数据分析能力的优化，新零售运用大数据分析方法，刻画消费群体的画像与消费行为，实现线上精准营销，并通过不同场景和介质平台的组合应用，构建“以消费者体验为中心的数据驱动的泛零售业态”。目前，众多茶饮品牌均已建立独立的线上程序，收集消费者数据，构建大数据平台，为分析消费者行为、实现精准营销，以及进一步的门店选址、产品研发决策等提供数据依据。

4．企业管理层面分析

茶饮企业在供应链管理、门店智能化等方面着重打造自己的竞争优势。首先，茶饮企业注重加强供应链数字化管理，严格把控原材料供应。目前的新式茶饮品牌都拥有独立的供应链管理系统，确保原材料采购、库存、配送标准化作业。例如，新式奶茶品牌“厝内小眷村”南京店对仓库进行智能化数字管理，同时配备了两台面包车及5名仓库配送人员，在确保原料芋圆及时供应的同时，也保持了芋圆的新鲜度。芋圆供应基本做到门店第一天订货，第二天到货，偏远郊县地区第三天到货，大大减少了从工厂直发的物流时间，降低了原料腐烂废弃率。

其次是智能化门店经营，电话预定＋门店排队＋线上点餐的方式有效提升了门店运营效率。2018年底，业内首个一站式新零售品牌体验平台——星巴克线上新零售智慧门店正式上线。全新的星巴克线上新零售智慧门店，是一个操作简便的集成式页面，消费者通过星巴克APP、淘宝、天猫或支付宝任一终端均可访问，无须切换不同应用便可打开原本基于不同平台研发的“专星送”“用星说”或星巴克天猫旗舰店，跨平台开启数字化的星巴克体验。同时，线上新零售智慧门店还集成了“会员”功能，通过打通星巴克与阿里巴巴会员系统，顾客均可累积星星或兑换会员好礼。因此，智能化门店不仅能提升消费者的购物体验还能提供更多增值服务，提高客户忠实度，为企业的可持续发展奠定基础。

五、调饮茶产业政府因素分析

（一）政府因素理论概述

国内外的大量实践证明，产业竞争力与其所在的政府作用具有较强的正相关性。政府是影响产业竞争力的一个重要变量，是决定产业竞争力的关键因素之一。第一，政府制定的政策影响生产要素。例如，用减税、补贴等方式对某些产业进行保护，或者对某些产业进行直接投资。第二，政府制定的政策影响需求要素。例如，出台相关政策刺激消费等。第三，政府制定的政策影响相关产业及其支撑产业。第四，政府制定的相关政策也可能影响企业的战略、结构和同业竞争。例如，政府出台相关行业规范等政策。简而言之，政府在提高产业竞争优势中具有一定催化和激发企业创新的作用。政策成功的关键既不是越俎代庖，也不是无所作为，而是在于为产业创造一个有利于公平竞争的外部环境，规范产业发展方向与过程，使产业发展与社会经济发展相协调。

（二）基于政府因素的调饮茶产业实证分析

1．严格限定调饮茶产业标准

在调饮茶产业发展的初期，政府及有关部门制定了茶饮料的生产标准，规范了行业的发展方向与秩序。然而，标准应与时俱进，且随着产业的发展不断进行调整。例如，QB/T 2499—2000《茶饮料》于2001年6月1日起正式实施，这是我国与茶饮料有关的第一个行业标准。2008年11月1日，GB/T 21733—2008《茶饮料》开始实施，代替了原有的行业标准。新标准对茶多酚、咖啡因的含量做出微调，增加了农药残留和重金属含量标准，与逐渐兴起的消费者健康观念相符合。除了茶饮料标准之外，我国还规定了茶饮料生产的卫生标准。例如，GB 19296—2003《茶饮料卫生标准》于2004年5月1日起实施。该标准规定了茶饮料的指标要求、食品添加剂、生产加工过程的卫生要求、包装、标识、贮存、运输要求和检验方法；2016年11月13日，GB 7101—2015《食品安全国家标准　饮料》正式实施，对相关理化指标和微生物指标进行了修订，有利于促进食品安全，保障消费者健康。

2．政策推动茶产业的发展

2015年，中共中央、国务院下发了关于坚决打赢脱贫攻坚战的决定，指出实施精准扶贫方略，加快贫困人口精准脱贫，制定贫困地区特色产业发展规划，发展特色产业脱贫。茶产业是茶叶产区的重要扶贫产业，农业农村部时任部长韩长赋表示："做强中国茶产业，是推进农业供给侧结构性改革的重要内容，是助力脱贫攻坚的重要途径，是发展现代农业的重要任务。"

茶产业作为现代农业的重要组成部分、新农村特色支柱产业和重要富民产业，在国家方针政策指引下，步入了新的发展阶段。例如，湖北省印发《关于加快推进茶产业转型升级高质量发展的奖补办法（试行）的通知》，鼓励茶产业园与龙头企业合作、鼓励打造区域公用品牌、鼓励发展茶叶电子商务和"互联网＋茶叶"、鼓励科技创新和人才引进培养，鼓励推进人才强茶工程。茶产业的发展有利于调饮茶产业链条的延伸，也说明了以茶产业为基础的调饮茶产业仍有巨大的发展潜力。

3．规划鼓励调饮茶产业发展

2011年，国家发改委、工信部发布了《食品工业"十二五"发展规划》，在饮料行业发展方面，指出要积极发展具有资源优势的饮料产品，大力发展茶饮料、果汁及果汁饮料、咖啡饮料、蔬菜汁饮料、植物蛋白饮料和谷物饮料。2013年，国家发改委《产业结构调整指导目录》（修订版）提出，要鼓励热带果汁、浆果果汁、谷物饮料、本草饮料、茶浓缩液、茶粉、植物蛋白饮料等高附加价值植物饮料的开发生产与加工原料基地建设。上述政策的提出为产业发展指明了方向，有利于进一步推动调饮茶产业发展。2016年，国家发改委、工信部发布轻工业发展规划（2016—2020），提出重点在饮料制造、食品加工与技术装备制造等领域大力推进产业结构调整，并全面开展企业诚信体系建设，提高食品质量安全检测能力，推进食品质量安全信息追溯体系建设。上述规划对于提高茶调饮产业发展的技术水平，推动茶调饮产业的技术创新发挥重大作用。

此外，针对近年来兴起的现制现售奶茶、果蔬汁等饮品店迅速发展的现状，2018年6月12日，国家市场监督管理总局办公厅发布了《关于加强现制现售奶茶果蔬汁监督管理的通知》，要求各地督促饮品店严格按照《中华人民共和国食品安全法》《餐饮服务食品安全操作规范》相关规定，规范饮品制售行为，采购的原辅料要符合国家食品安全标准。上述法律法规的实施有利于加强新式茶饮的管理，保障食品安全。

调饮茶相关标准与政策见图4-4。

4．行业协会助力调饮茶产业的发展

在调饮茶产业发展的过程中，行业协会也发挥了重要的桥梁和纽带作用。例如，中国饮料工业协会于2001年召开中国茶饮料发展战略研讨会，国内外专家就茶饮料的生产工艺、设备、包装及品质等展开交流，对QB 2499—2000《茶饮料》做出解释。2018年，由中国饮料工业协会咖啡和茶饮料专业委员会主办、中国饮料工业协会支持的"2018中国茶、咖啡、植

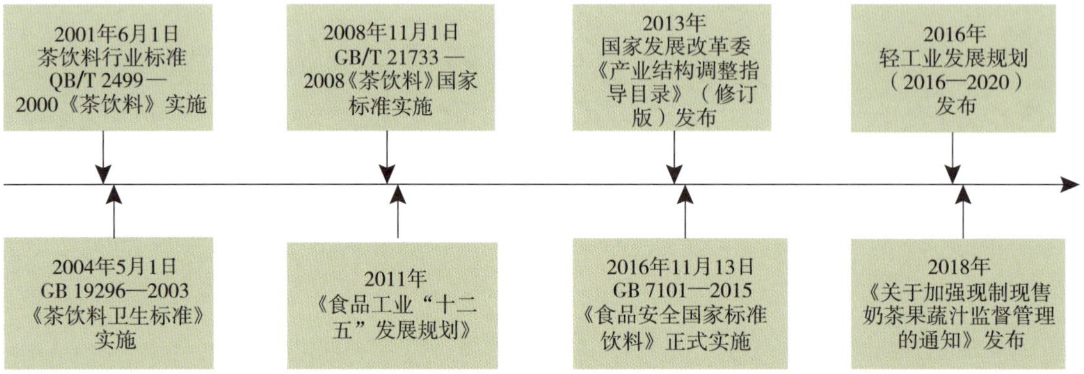

图4-4 调饮茶相关标准及政策

物饮料发展研讨会”在青岛举行，会议就“饮料用茶原料开发技术介绍”“茶饮料的风味、营养与可持续发展”“好茶叶，好茶饮”“茶叶功能研究与思考”“茶和植物原料加工新技术助力饮料产品创新”“绿茶浓缩液罐组式低温连续萃取技术”等问题进行探讨，凝聚了产学研三方合力，为企业提供了最新的行业资讯与技术信息，对规范企业生产、提高创新能力发挥了重要作用。

六、调饮茶产业机遇因素分析

（一）机遇因素理论概述

机遇大多来自企业的外部环境，具有一定的不可预期性。机遇影响其他几大要素的发展，有可能导致产业所处状态产生突变，为企业营造新的竞争环境，可能会导致原来处于优势地位的企业丧失优势，市场地位被新的企业所取代。只有满足市场不断变换的需求，才能在竞争中持续发展，保持或成为具有市场优势的龙头企业。在产业的发展过程中，机遇具有一定的偶然性和稀缺性。例如，解决关键问题的技术突破，市场需求突然增大等。

（二）基于机遇因素的调饮茶产业实证分析

随着人民生活水平的提高和产业进一步升级，调饮茶行业面临着难得的历史性发展机遇。以杯装冲泡调饮茶品牌领先者香飘飘为例，香飘飘奶茶借助街头即饮奶茶兴起的东风迅速进入市场，在调饮茶产业快速增长的时期，根据消费者的消费需求研发杯装冲泡调饮茶并投入市场，迅速占据较大的市场份额。因此，发展机遇对调饮茶产业的发展具有不可忽视的推动作用。

在未来的一段时间内，除前述宏观经济利好、政策扶持有力、居民消费升级以外，调饮茶产业发展的契机将主要体现在互联网行业发展而带来的营销方式的突破。近年来随着互联网信息技术的发展，传统的大众传播方式逐渐被颠覆，各类新媒体快速发展，媒体的传播方式由单向传播转为多向传播，用户之间的互动频繁。将新媒体融入营销方式，是社会科技进步的必然趋势。随着技术进步以及经济的发展，新媒体营销方式的应用给企业带来了发展机遇，主要体现在新媒体能够多层次地提升产品宣传和营销，增强企业与消费者之间的互动性，降低企业营销成本。就调饮茶产业而言，新媒体成为连接茶饮和目标消费顾客群的重要媒介，茶饮品牌通过新媒体营销与粉丝晒图对品牌反向营销等方式形成良性互动，同时具有高热度的话题性以及高速的传播性，有利于迅速地激起消费者兴趣及其购买意愿。

本章小结

本章基于波特钻石模型的四项环境因素——生产要素、需求条件、相关及支持产业、企业战略结构和同业竞争以及两项影响因素——政府和机遇，分析了影响调饮茶产业发展的各项驱动因素。基于本章分析可以发现，生产要素中原料、资金及生产技术的投入与升级，为调饮茶行业的发展提供了内在驱动；消费者消费能力及需求的升级推动调饮茶产业发展的格局变化；茶叶产业及信息化产业与调饮茶饮业相互融合，相互促进，为调饮茶产业发展提供了支撑；企业之间的竞争推动企业战略的转型与升级，助力调饮茶企业形成竞争优势。此外，政府政策引导调饮茶产业健康发展，互联网行业的发展机遇也为调饮茶产业的发展提供了有利契机。上述因素作为调饮茶产业发展的驱动因素，相互作用，共同推动了调饮茶产业发展。

参考文献

[1] 中国产业信息网．2019年中国饮料行业市场规模、产销规模及未来发展趋势分析[EB/OL]．（2020-05-22）[2020-10-18]．https://www.chyxx.com/industry/202005/865775.html.

[2] MBA智库．波特钻石理论模型[EB/OL]．[2020-01-03]. https://wiki.mbalib.com/wiki/%E9%92%BB%E7%9F%B3%E6%A8%A1%E5%9E%8B.

[3] 陈兴明．山东省装备制造业发展动力机制研究[D]．长春：长春工业大学，2016.

[4] 观察者．2018年我国GDP首破90万亿增长6.6%[EB/OL]．(2019-01-21)[2020-01-03]. https://www.guancha.cn/economy/2019_01_21_487612.shtml.

[5] 黄静，张帆，陈素芹，等．中国茶饮料行业现状与展望[J]．中国茶叶，2017，39(5)：29-31.

[6] 江用文．中国茶叶加工及深加工现状[C]//中国茶叶学会、湖南省茶叶研究所．中国茶叶生产与消费论坛论文集．杭州：中国茶叶学会，2008：53-59.

[7] 金紫江，杨臻黛．国家竞争优势理论评述及其运用[J]．国际经贸探索，1998(4)：4-7；86.

[8] 梁瑛．饮料热灌装生产线——兼谈饮料灌装生产线的改造[J]．饮料工业，2001(2)：42-45；47.

[9] 刘潇琳．基于钻石模型的中国汽车产业竞争力分析[D]．济南：山东大学，2015.

[10] 柳建安，李安平，张晓晓．茶饮料无菌冷灌装工艺及设备[J]．食品与机械，2003(2)：33-34.

[11] 车发章．茶饮料包装新技术[J]．上海包装，2009(4)：42-43.

[12] 农业农村部．香满天下中国茶——十八大以来我国茶产业展综述[EB/OL].(2018-05-16)[2020-01-03]．http://www.moa.gov.cn/xw/zwdt/201805/t20180516_6142232.htm.

[13] 潘忠敏．迈克尔·波特《国家竞争优势》研评[D]．北京：对外经济贸易大学，2005.

[14] 前瞻产业研究院．2018年中国茶饮行业市场分析[EB/OL]．(2019-02-20)[2020-01-03]. httpsL//bg.qianzhan.com/report/detail/458/190220-f9365008.html.

[15] 人民网．试析新媒体背景下市场营销方式的转变[EB/OL]．(2019-08-05)[2020-01-03]. http://media.people.com.cn/n1/2019/0805/c429118-31276876.html.

[16] 新京报．统一企业从消费端推动产品创新研发[EB/OL]．(2019-06-21)[2020-01-03]. https://baijiahao.baidu.com/s?id＝1636885623386266149&wfr＝spider&for＝pc.

[17] 邢艳艳．奶茶饮品厝内小眷村营销策略研究[D]．南京：南京理工大学，2019.

[18] 徐赏，金益英，郭爱秀，等．酶解技术在茶饮料研发中的应用研究[J]．饮料工业，2015，18(1)：26-31.

[19] 杨飞虎．波特国家竞争优势理论及对我国的借鉴意义[J]．学术论坛，2007(5)：97-100.

[20] 杨继瑞，薛晓，汪锐．“互联网+”背景下消费模式转型的思考[J]．消费经济，2015，31(6)：3-7.

[21] 杨玲丽，丘海雄．“钻石模型”的理论发展及其对我国的启示[J]．科技与经济，2008(3)：55-58.

[22] 亿欧智库．2019年中国新式饮品领域研究报告[EB/OL].(2019-03-28)[2020-01-03]. https://www.iyiou.com/intelligence/report617.html.

[23] 张振海，陈红喜．基于钻石体系模型的大学科技园发展环境分析及对策研究[J]．经济师，2012(1)：72-73；78.

[24] 赵亚利．中国饮料工业协会第二届常务理事会第一次扩大会、2001中国茶饮料发展战略研讨会总结[J]．饮料工业，2001，4(2)：5-6.

[25] 中国轻工业网．传统饮料的提质与创新——2018中国茶·咖啡·植物饮料发展研讨会在青岛召开[EB/OL].(2018-05-22)[2020-01-03]. http://www.clii.com.cn/xxhdt/201805/t20180522_3921807.html.

[26] 周万海．政府作用与产业竞争力[J]．商，2013(16)：366.

第五章 调饮茶产业发展面临的问题及对策

随着我国调饮茶市场的不断发展，调饮茶产业面临的问题也逐渐凸显。本章主要分析我国调饮茶行业目前存在的问题，并提出相应的建议，以期为相关企业和监管部门的决策提供参考，从而促进我国调饮茶行业的健康、有序发展。

一、调饮茶产业发展存在的问题

近年来，我国调饮茶市场发展迅速，逐渐细分出工业化瓶装茶饮料、杯装冲泡调饮茶和新式茶饮三大类，并且新品层出不穷，调饮茶消费市场规模不断扩大。但是，在消费市场快速增长的同时，调饮茶产业存在的问题也在不断累积并逐渐凸显。

（一）R&D投入不足，产品同质化现象严重

随着我国供给侧结构性改革和创新驱动发展等战略的实施，全国R&D投入占GDP的比重从1995年的0.57%增长到2013年的2.08%，其中企业资金占比从31.71%上升到76.6%，即企业R&D投入对于整个行业的技术创新发挥着越来越突出的作用。大量文献研究表明，研发投入对企业创新和绩效具有显著的促进作用。Mahony等研究发现，高研发投入和技术密集型的行业往往具有更高的生产率，并认为这是技术溢出的结果。R&D投资不仅仅可以产生新的产品和技术，并且可以增强企业吸收现有技术、知识和信息的能力，提高企业的创新能力和财务绩效能力。然而，目前我国具有研发投资行为的企业中，超过51.46%的企业研发投入强度仍处于较低的水平。

就行业而言，大多数调饮茶企业的短期逐利性较强，容易忽视市场的实际需求，忽视技术研发和创新的内在需求。从而造成内部研发投入不足，加剧低端产品的同质性竞争，导致产品趋同，形成恶性循环。因此，目前市场上的调饮茶不仅生产工艺大同小异，在口味和功能方面，也缺乏品牌特色，部分产品甚至高度相似，造成不同品牌的同系列产品在产品工艺、包装和成分均呈现出同质化现象，缺乏核心竞争力。

调饮茶产业起步晚、发展时间短，生产技术和研发水平都延续着传统的手段和方式，缺乏创新和先进的食品研发手段，严重制约了企业从产品质量、口感、外观等方面全面升级新调饮茶的能力。目前，调饮茶行业的研发投入整体偏低，大多数企业研发投入不足甚至没有研发方面的预算，更多的是模仿而不是创新，不利于整个行业的可持续性发展。即便是调饮茶的龙头企业，其研发投入也低于全国R&D投入占GDP比重的平均水平。以香飘飘企业为例，近年来香飘飘的营销费用持续走高，与研发投入形成鲜明对比。2017年，香飘飘研发支出为1390万元，同比增长117.40%，尽管增长速度较快，但总额仅占营业收入总额的0.53%，不足1%，远低于同期广告投入，仅为广告费用的6.04%。2018年上半年研发投入陡然下降为368万元，同比下滑了34%，仅占广告费用的3%。2019年第三季度中香飘飘研发开支仅为100万元左右，占营业收入的比重仅为1%，较上一季度的2.8%呈现出快速的下降趋势，相比之下，企业销售费用高达2189万元，超研发费用20倍，如表5-1、图5-1所示。除资金投入之外，香飘飘公司研发人员也较少，2018年公司研发部门员工仅有18人，占公司总人数的0.56%。

研发投入是技术进步和经济发展的重要推动力。现阶段我国调饮茶产业技术创新能力不足，研发投入偏低，营销费用畸高，与发达国家存在较大差距，严重制约了我国调饮茶行业的可持续发展。企业研发投入不足、发展过于依赖营销手段带来的后果必然是产品同质化严重、抗风险能力不足、发展模式容易被取代、持续盈利能力堪忧。

表 5-1　香飘飘各季度研发费用与销售费用情况

年份（季度）	研发费用/万元	营业收入/万元	销售费用/万元	R&D/营业收入/%	销售费用/营业收入/%
2017（3）	35	7805	1553	0.45	19.90
2017（4）	48	13000	2567	0.37	19.75
2018（1）	20	6524	1769	0.30	27.12
2018（2）	17	2175	1403	0.79	64.52
2018（3）	21	8101	1445	0.25	17.84
2018（4）	31	15711	3384	0.20	21.54
2019（1）	30	8367	2080	0.36	24.86
2019（2）	150	5400	1827	2.77	33.84
2019（3）	101	10033	2189	1.00	21.82

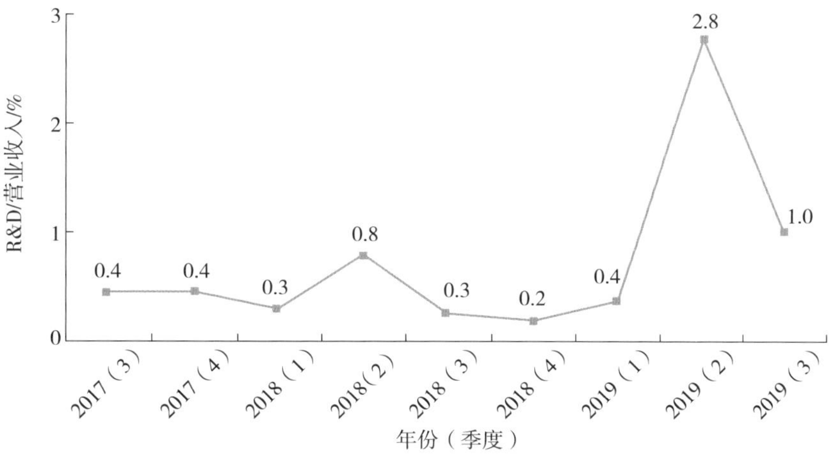

图5-1　香飘飘各季度R&D投入强度

（二）产业标准匮乏，未实现标准化

近年来，调饮茶的发展极为迅猛，是我国饮料市场上发展最快的产品种类，但与之配套的产品和生产标准发展滞后，缺乏对调饮茶的定义、分类、技术、试验方法、检验规则、标签、包装、运输贮存等方面的规范。特别是近几年迅速兴起的新式茶饮，生产加工中的技术环境标准、质量检验监督流程、添加剂使用规范等方面的规定或标准更加欠缺。因此，现阶段调饮茶产业标准化工作存在诸多问题。

1．调饮茶标准化体系不健全

调饮茶产品标准的制定、贯彻和执行对促进调饮茶生产加工技术进步，稳定和改进调饮茶产品质量，维护消费者的利益，增强调饮茶企业自身的竞争力等方面都具有重要的作用。尽管我国茶叶检测方法标准和质量标准的数量比较多，但是由表5-2可知，我国制定的茶饮料标准数量整体较少，与调饮茶饮品配套的物流标准、生产、加工技术规范等标准严重欠缺，针对近年来兴起的新式茶饮，我国尚未形成专门的标准体系。不仅难以用茶饮料标准中一种或几个有效成分的含量来控制调饮茶的质量，而且难以保证调饮茶产品达到从源头到流通环节的全程食品安全要求。

表 5-2　茶饮料相关标准

标准名称	标准号	实施年份
茶饮料	GB/T 21733—2008	2008
食品安全国家标准　饮料	GB 7101—2022	2022

续表

标准名称	标准号	实施年份
食品安全国家标准　食品乙酸苄酯的测定	GB 5009.264—2016	2017
绿色食品　茶饮料	NY/T 1713—2018	2018

2．多方管理标准的制定，实施争议多

在我国，农业部门负责生产标准，经营部门负责收购标准。上述标准管理部门分散，加之管理部门与执行部门难以协调一致，容易形成制定标准不统一，严重制约标准化进程。此外，对于同一产品的质量安全限量标准，国家标准、行业标准、地方标准同时存在，既雷同又不完全一致，导致企业在采用标准时无所适从。

3．标准制定周期长，难度大

修订一项茶叶产品的标准少则要三年的统计数据，多则要五年以上的统计数据，时间周期较长。特别是新式茶饮，调配的随意性较强，即便是同一款茶饮，同一位调饮师，也难以保证出品口味一致。因此，安全性、稳定性和可控性成为调饮茶饮品标准化的巨大挑战。

目前，茶叶作为调饮茶的基底，其品种数量相对庞杂，这是导致行业难以形成统一标准的重要原因之一。同时，调饮茶产品原材料丰富，各种食材与基底茶搭配成为新式茶饮最大的特点，但是此类茶饮产品如何分类，原材料如何搭配，相关工艺和操作规范如何要求等，均尚未形成相应的规范和标准。

4．贯彻实施力度有待提升

由于对茶饮料标准化知识及相关法律、法规等宣传、示范、推广力度不强，资金投入不足，企业法制观念淡薄等方面的原因，现有的茶饮料生产标准尚未在整个行业良好地贯彻实施。个别企业没有真正意识到贯彻实施标准的重要性，对现行的茶饮料国家标准、行业标准和地方标准的贯彻实施流于形式。此外，有关部门在实际监管过程中，不仅存在整个产业链中上游的生产茶园和其他辅料过于分散的问题，而且质检部门与农业、工商管理部门的有效协调沟通不足，难以真正有效地实现调饮茶生产的卫生质量安全全程监测。因此，就目前情况看，调饮茶行业中对现有标准的贯彻实施力度有待提升。

（三）食品安全法律法规与标准不完善，影响质量安全

随着消费升级和新零售、快消品市场、网红门店的兴起，调饮茶成为近年来饮料行业

乃至消费品行业增长速度最快、投资热度最高的消费品类之一，众多企业纷纷涉足调饮茶行业。然而，继2017年8月上海质监局曝光上海80%的调饮茶售卖产品存在含糖量超标的问题之后，“一点点”也被曝密封杯中出现蟑螂，调饮茶的安全与卫生开始引起公众的广泛关注。在2019年中国茶叶科技年会上，中国农业科学院茶叶研究所副研究员陈富桥对调饮茶市场上的消费者进行了分析，报告中指出，调饮茶消费者对于饮品的“饮用安全”表现出极大的关心，如“添加剂”“茶叶原料”“含糖量”等（图5–2），调饮茶的食品安全问题将成为考验其健康发展和提升市场竞争力的关键因素。

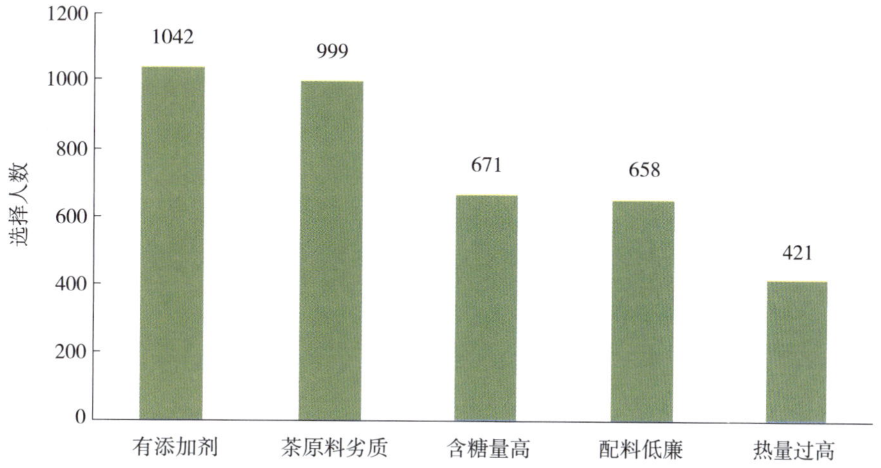

图5–2　消费者购买调饮茶时比较担忧的问题

1．法律法规不健全

自20世纪80年代以来，针对食品安全方面的问题，我国立法部门包括全国人民代表大会及委员会、国务院、最高法院、卫生部、国家食品药品监督管理局等有关部门已颁布了多项法律法规来保障和加强食品质量安全。其中最基本的法律法规为2018年修订实施的《中华人民共和国食品安全法》《中华人民共和国食品卫生法》及大量的食品卫生管理条例、标准、规范等，初步形成了较为完善的食品安全法律体系（表5–3）。然而，尽管调饮茶产业快速发展，我国尚未形成一系列针对调饮茶的法律法规，目前的食品安全法律法规在执行中尚存在一定不足，且具有滞后性等缺陷。例如，我国《食品安全法》规定生产经营不符合食品安全标准的食品，除一般的民事赔偿之外，还需承担相应的行政处罚和十倍价款的赔偿额，严重者甚至承担刑事责任。但是这一条例并不适合调饮茶产业，厂家接受的处罚也远低于其违法所得，难以对生产经营者产生实质性的行为警示。因此，较低的违法成本和风险，以及较大的利润空间在一定程度上滋长了唯利是图者的侥幸心理，加剧了食品安全事件的发生概率。

表 5-3 我国食品安全法律法规

中央法规司法解释	数量	现行有效	举例
法律	4	2	《中华人民共和国食品安全法（2018 修订）》等
行政法规	32	19	《中华人民共和国食品安全法实施条例（2019 修订）》等
司法解释	4	4	最高人民法院公布危害食品安全犯罪典型案例
白皮书	1	1	上海市第三中级人民法院涉食品安全案件审判白皮书及典型案例

2. 食品添加剂缺乏统一标准

食品添加剂的使用使食品的品质更加稳定，繁荣了食品市场，满足了人们对食品的多种需求，因而被誉为“现代食品工业的灵魂”。但是食品添加剂大多为化学合成，如果使用不当或者过量使用可能引发食品安全风险。虽然我国初步形成了具有中国特色的食品添加剂管理规范，但违法滥用食品添加剂的现象仍较为突出。此外，公众对食品添加剂知之甚少，对滥用食品添加剂可能引发的健康风险认知不足，进一步放大了食品安全风险，加剧了人们的心理恐慌，危及社会稳定。

就调饮茶的生产加工而言，其工艺包括焙火、抽提、过滤、调配、稀释等多重流程，为达到稳定品质或者优化口感等目的，调配时可能加入抗氧化剂、稳定剂、色素及护色剂、乳化剂等添加剂，如表5-4所示。尽管添加剂对改善茶饮料的口味和视觉感受具有一定的功能和作用，但是由于添加剂的种类丰富并且缺乏相关标准或规范，生产者对调饮茶中添加剂的使用存在一定程度的自主性和随意性，因此食品添加剂的规范使用是调饮茶食品安全管控的一个重点。

表 5-4 调饮茶中主要的添加剂种类

调饮茶品类	添加剂种类
统一冰红茶	食用香精、柠檬酸、苹果酸、柠檬酸钠、六偏磷酸钠、D- 异抗坏血酸钠、甜菊糖苷
康师傅茉莉蜜茶	D- 抗坏血酸钠、偏磷酸钠、柠檬酸钠、维生素 C、碳酸氢钠、食用香精
小茗同学	柠檬酸、柠檬酸钠、食用香精、D- 抗坏血酸钠
香飘飘奶茶	酪蛋白酸钠、单、双甘油脂肪酸酯、磷酸氢二钾、二氧化硅、磷酸三钙

目前，我国调饮茶行业中出现的食品添加剂使用和管理中存在的问题主要体现为以下三点：第一，擅自超范围和超量使用食品添加剂。部分调饮茶企业在生产过程中不顾已有的规定，超范围、超量使用食品添加剂；第二，违反食品添加剂的标识规定，欺骗和误导消费者；第三，使用不符合质量规格标准的食品添加剂。

（四）原料繁杂，难于监控

茶叶是调饮茶最主要的基底原料，不同种类茶叶是形成不同特色调饮茶产品的关键因素之一，对调饮茶的品质具有较大的影响，更是影响产品安全性的重要因素。此外，调饮茶中的辅料种类繁多、来源分散，难于溯源品控，为调饮茶的食品安全控制带来巨大挑战。

就基底茶叶而言，我国的茶叶产地广阔、品种繁多、风味各异，而且不同季节、产地、品种、加工方法不同，茶叶风味也有所差异，这对调饮茶饮料品质的稳定性提出较大挑战。并且，部分茶叶原料中的农药残留量以及重金属含量超标等进一步加剧了调饮茶的安全隐患。目前，茶叶原料中的安全隐患主要体现为以下几点。

1. 茶叶的重金属超标

茶叶重金属主要来自种植过程中茶树对土壤、空气、水和化学农药中重金属的吸收以及加工过程中接触的金属设备和容器的金属污染，部分重金属残留物在环境和人体内不易降解，从而危及人体健康。茶叶中重金属含量是茶叶卫生指标检验的一项重要内容。目前，我国茶叶产品重金属检测中，铅含量普遍偏高，调饮茶也不例外。重金属残留不仅影响茶叶和茶饮产品的口感、降低营养价值和品质，而且当重金属含量超过一定限量时会对人体造成损害。

2. 茶叶农药残留偏高

农药残留是指茶园喷施农药后残留在茶叶中的各类农药含量。2023年5月11日，GB 2763.1—2022《食品安全国家标准　食品中2，4-滴丁酸钠盐等112种农药最大残留限量》正式实施，其中涉及茶叶中110种农药残留限量，如图5-3所示。

农药残留是影响茶叶和调饮茶品质的主要因素之一。目前，我国茶树种植和管理技术水平与发达国家比还存在一定的差距。通常残留在叶片上的农药经过挥发、光解或随雨水融入土壤会被茶树吸收，在农药尚未完全降解时采摘的茶叶可能存在严重的农药污染，从而对人体健康构成潜在危害。

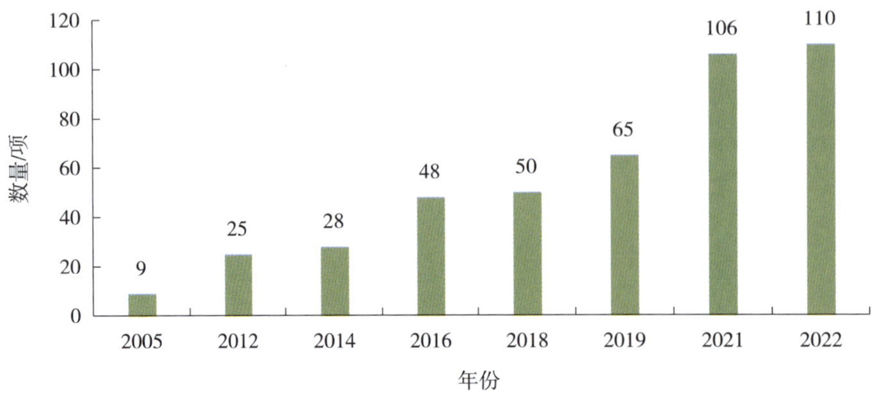

图5-3　GB 2763及GB 2763.1中茶叶最大农药残留限量的项目数量

3. 茶叶微生物指标不合格

调饮茶作为一种饮料食品，对微生物含量有严格的规定。一般情况下，经过高温干燥后的茶叶微生物含量较低，但在包装、运输及贮藏过程中极有可能受到微生物的二次污染，特别是当茶叶受潮或含水率高于8%时，微生物会大量滋生，并导致茶叶发霉变质和风味劣化，危害人体健康。然而，调饮茶企业缺乏对茶叶微生物，特别是致病菌和耐热性细菌指标限量的规范。如何正确制订和优化茶饮料的灭菌工艺技术对保障调饮茶饮品的质量安全至关重要。

（五）包装材料存在隐患，易引发食品安全问题

调饮茶包装材料的基本要求：第一，对人体无毒无害，包装材料中不能含有危及人体健康的成分；第二，加工性能良好、资源丰富、成本低廉，适于工业化生产；第三，具有一定的化学稳定性，不与食品和饮料中的成分反应而影响其品质；第四，有优良的综合防护性能，如密闭性、防潮性、避光性等；第五，在保证商品安全方面有很好的可靠性，并耐压、强度高、质量轻、不易变形破损，便于携带和装运。

调饮茶具有一定的特殊性，其中含有的儿茶素、咖啡碱等活性成分，既赋予茶饮料以特定的功能性作用，但是也为提取、贮存带来一定的困难。据统计，目前调饮茶市场上主要的包装材料以三片罐、纸铝塑复合砖型利乐包以及聚酯瓶（PET、PEN）等为主（表5-5）。下面以三片罐和PET包装材料为例，分析不同包装材料可能导致的安全隐患。

表 5-5 各种调饮茶饮品包装对比

包装材料	500mL单位成本参考/元	相对灌装设备的费用	杀菌条件	茶饮品质
三片罐	0.8 ~ 1.4	中	121℃ /（10 ~ 15）min	低
纸铝塑复合砖型利乐包	—	高	超高温杀菌 135℃，4 ~ 6s	中
玻璃瓶	0.3 ~ 0.5	低	80 ~ 90℃，20 ~ 30min	中
BOPP 瓶	0.6 ~ 0.8	中	超高温杀菌 135℃，4 ~ 6s，85 ~ 95℃灌注	中
热罐专用 PET 瓶	0.8 ~ 1.0	中	超高温杀菌 135℃，4 ~ 6s，85 ~ 95℃灌注	高

1．三片罐可能导致的食品安全隐患

三片罐由一个焊接的圆筒罐身和一片罐底、一片罐盖组成。金属三片罐在食品饮料包装中应用较为普遍，但这种包装材料容易受到内容物的腐蚀，引起Fe^{2+}、Sn^{2+}和Pb^{2+}等金属离子溶出，造成食品污染或变质。并且，三片罐的用料多、接缝多，产生渗漏污染的可能性相对更大，对调饮茶饮品的质量安全造成威胁。

2．PET可能导致的食品安全隐患

PET也称聚对苯二甲酸乙二醇酯，目前广泛应用于纯净水、矿泉水、茶饮料、碳酸饮料等产品的包装。其透明度、光泽度良好，便于消费者直接观察内容物；此外，PET材料的可塑性高，气密性好，不仅可以适应百变的饮料包装外形，而且能够较好地保持茶饮料本身的感官风味。然而，在实际的灌装过程中需把物料加热到95℃左右，利用高温杀菌灭菌，保证产品的安全性。但是，一般的PET瓶在温度高于65℃时会发生收缩变形，耐高温的PET瓶造价比较高。PET瓶在加热的过程中会释放少量的乙醛（AA），产生不良气味，并且容易致使结晶度下降，破坏瓶子的耐温性能。因此，研发性价比较高的耐高温PET材料成为调饮茶产业亟须解决的问题。

3．纸铝塑复合砖型利乐包可能导致的安全隐患

利乐包是纸、塑、铝三层复合而成的包装材料，由于使用多层材料复合，因而具有较好的密封性、防潮性及防水性，一般可满足包装材料卫生安全性的要求，但也还存在许多不安全因素。例如，工业化生产茶饮料时，在包装的过程中将利乐包内壁和茶水分别灭菌，无菌化灌装，就地清洗系统（CIP）清洗，可有效延长产品的保质期。但该包装内容物可视性差，并且在包装消毒过程中可能产生致病霉菌残留或消毒剂残留，或者在横封封合的过程中易导致致病菌污染。因此，如何进一步改进利乐包也是调饮茶产业发展中需要解决的问题。

二、促进调饮茶产业健康发展的对策

（一）加大R&D投入持续推出创新产品

我国调饮茶市场的产品同质化现象比较严重，产品同质化不利于提高调饮茶产品的市场竞争力和产品的多元化发展。调饮茶生产企业需要重视产品差异化的效应，特别是通过R&D活动改进调饮茶生产工艺、提高调饮茶质量、增加调饮茶产品功能等，使产品具备区别于其他同类产品的异质性，实现调饮茶产品的差异化优势。因此，调饮茶生产企业需加大研究开发投入，形成产品的差异化，彰显企业个性化品牌的竞争优势。具体可遵循以下原则：一是依据本土口味，开发新品类。相关企业不仅可以在已有产品的基础上丰富调饮茶产品的种类，还可以根据本国消费者的口味开发新的调饮茶产品。二是紧跟国际流行，开发新品类。例如，茶与酒的调饮在国外发展非常迅速，备受消费者青睐，已推出数种茶与酒调饮的产品，但是国内在此方面并未形成规模。三是依据消费者层次，开发新品类。企业可以依据不同的人群细分调饮茶市场，针对性地推出新产品。比如随着我国经济的快速发展以及老龄化社会的到来，儿童和老年人市场的潜力将相当可观。因此，企业可以加大研发投入，开发儿童有机调饮茶、时尚白领抗疲劳调饮茶及老年人专用调饮茶等在国内尚未有准确定位的产品。四是依据消费观念的更新开发新品类。消费者的饮食消费需求已逐步转向天然、健康、多功能的食品，因此企业可以相应研发推出天然能量型、饮食替代型调饮茶以满足消费者的需求。

（二）健全调饮茶产品的检测体系

首先加强检验检测机构的能力建设。我国有关调饮茶检测的部门较多，但缺少统一的规划，并且检测技术、手段和方法落后，远低于发达国家的水平。因此，需对现有机构进行全面整合，由国家认证认可委员会对检测机构进行统一规划，合理布局，实现现有检验机构的资源、人员和设备共享。同时加大财政投入，积极引进国外先进的精度较高的检测设备，满足调饮茶产品质量安全检测的需求，为相关监管部门提供有力的技术支撑。其次，加强对调饮茶产品供应链的全程检测和监管。大部分发达国家已建立了包括调饮茶产品在内的食品全程可追溯体系。相比之下，我国的调饮茶检测体系尚不健全，检测与监督重点主要集中在调饮茶的终端产品，未建立调饮茶全程追溯制度，难以有效监控调饮茶产品其他环节的质量安全风险。不仅如此，政府监督方式通常采取突击式抽查，而非制度化、日常化的监督检查，这给调饮茶产品的监督检测工作带来很大的不稳定性和不规范性。因此相关部门应建立调饮茶产品的全程追溯系统，详细记录调饮茶加工销售的全过程信息，使得消费者、调饮茶加工及经销商、监管机构都可以通过溯源系统来查询和了解调饮茶产品的原料来源以及加工销售渠道全过程信息（图5-4），实现从原料种植到产品配制的全程检测与监管。最后，督促调饮茶中小企业完善对自身调饮茶产品检测工作。目前，我国调饮茶产品检测仍是以企业自检为主，政府及第三方检测为辅。然而大部分中小企业的自检意识都比较淡薄，部分企业甚至完全不具备调饮茶产品质量安全的检测能力，因此政府相关部门应督促和帮助中小企业，建立调饮茶产品的自我检测体系，降低调饮茶产品的质量安全风险。

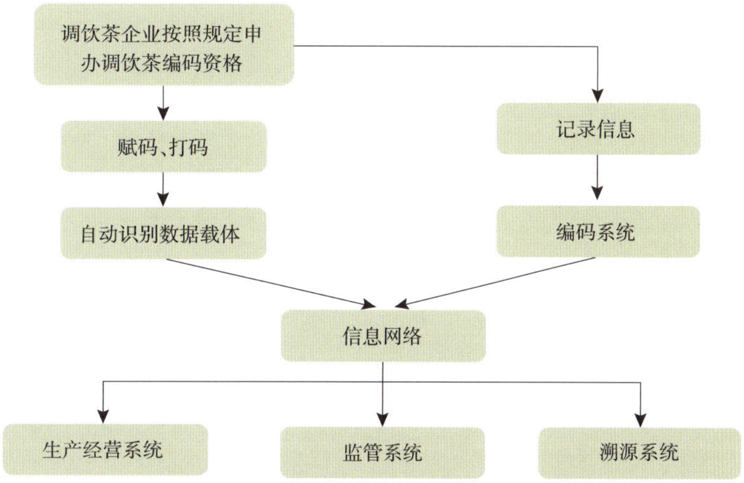

图5-4 调饮茶产品质量安全溯源系统

（三）完善调饮茶产品的标准体系

标准是调饮茶质量安全的重要保证，而我国调饮茶产品的标准体系同世界发达国家的标准体系差距越来越明显，不利于调饮茶产品质量安全水平的提升和国际贸易的开展。目前我国存在出口产品标准和国务院农业部门制定的农产品标准、质检部门制定的产品标准、卫生部门制定的卫生标准以及其他部门制定的行业标准等，经常出现同一种产品的同一指标有不同规范，让生产者和检测者无所适从。首先，鉴于我国目前标准体系比较混乱的现状，有必要对整个标准体系进行完善，促使调饮茶产品标准体系与国际接轨，出口的调饮茶产品与国内生产、经销的调饮茶采用同一标准。调饮茶产品的检验方法标准以及涉及人身安全的指标应100%采用国际标准和国外先进标准。其次，尽快解决标准老化、滞后的问题，努力使标准的研究、制定、修订与技术更新同步，全面提升调饮茶产品安全的标准化水平。最后，质检机构不仅要加强硬件建设，不断充实新的仪器设备，配备先进的测试手段，还应该建设一支高素质的专业研究与检测人员队伍。检测人员在精于专业检测工作的同时，加强信息流通和交流，及时了解当前调饮茶的国际标准变化的动态，并及时更新我国的相关标准。

（四）提高调饮茶原料的质量安全品质

茶叶是加工调饮茶的主要原材料，茶叶的品质对调饮茶产品的口感、色泽等具有直接的影响。因此提高调饮茶的质量安全必须先从源头抓起，保障茶叶的质量安全。首先，建设和发展生态茶园。运用生态学原理，以良种茶树为核心，实施人工立体复合栽培模拟自然生态系统，充分利用各种自然资源，使茶园内的生态系统得到良性循环，生态调控生物种群，将病虫草害控制在经济阈值以内，并同时提高茶园产量。在生态茶园中，通常不使用化学合成的除虫剂，严格按照生态农业的标准栽培茶树，限制农药的使用，因而降低茶叶中的农药残留。其次，改善茶叶的加工方法及加工环境。我国茶叶采摘和加工主要是采用人工模式，这种手工作业模式很容易造成叶片和人工的接触，容易产生二次污染。为了避免茶叶在加工中遭到二次污染，企业应该建立机械化、自动化、标准化、不落地的全程清洁生产线，并按照ISO14000等标准来规范车间生产，确保茶叶产品的品质。最后，建立茶叶质量安全溯源系统。该溯源系统是对茶叶的整个生产过程信息进行监管的信息系统，包括茶叶的生产地、采摘茶叶的时间、加工地址和日期、包装时间及地址等信息。消费者、茶叶加工及经销商、监管机构都可以通过该系统来查询和了解茶叶从种植到加工销售的全过程信息，从而能够有效、快速地发现并控制问题，保障茶叶品质。

（五）加强调饮茶中食品添加剂的使用规范

为保证调饮茶产品的质量安全，有必要关注国际食品法典委员会（CAC）下设的食品添加剂专家委员会（JECFA）的评估意见，同时参照国际食品法典和发达国家的食品添加剂标准，规范调饮茶产品中添加剂的安全与合理使用要求，进而提升调饮茶产品的质量安全水平。比如，对调饮茶中添加的可食用食品添加剂进行严格的风险评估，确保其安全性的同时根据评估结果制定添加剂的使用范围及用量标准。生产企业应遵循《食品安全法》、调饮茶中可食用食品添加剂的风险评估结果，加强调饮茶中食品添加剂的使用与管理。比如，对于在调饮茶加工过程中具有工艺必要性的食品添加剂，使用时应尽可能地低于规定的最大允许使用量；对于在调饮茶加工过程中非工艺必要性的食品添加剂，使用时应在达到预期效果的前提下尽可能地降低食品添加剂的用量。

（六）加强高温瞬时杀菌技术控制及机械设备的清洁杀菌控制

高温瞬时杀菌技术（UHT）杀菌是调饮茶生产加工过程中最关键的步骤，直接影响产品的质量安全水平。与传统热杀菌技术相比，UHT的杀菌能力更强，能极大地提高瓶装调饮茶的安全性，现已被广泛应用。在 UHT杀菌技术中应注意对杀菌时间和杀菌温度的控制，高温瞬时杀菌要求的温度高通常为108～120℃，时间短（通常不超过30秒），对调饮茶的口感、色泽影响较小，热敏性营养物的损失少。当UHT杀菌技术配合巴氏杀菌进行冷链杀菌时，对调饮茶营养成分造成的损失更低，并且在冷链的条件下产品的安全性可以得到更好的保证。因此操作人员应熟悉UHT杀菌技术的操作程序和要求，严格按照生产工艺要求控制生产。此外，要加强机械设备的管理、维护和保养，定期对机械设备进行清洗和消毒。

（七）提升调饮茶产品的包装质量

调饮茶的包装技术是一门综合性应用技术，不仅涉及食品科学、包装科学，还与生物学、化学、美学等学科密切相关。因此提升调饮茶包装的品质必须充分掌握包装的相关知识和技术，并提高综合运用包装知识的能力和方法。首先，全面了解调饮茶的种类，每类调饮茶的成分、特点以及由非生物引起的生化反应和由生物自身反应引起的变化。只有掌握各种调饮茶的生化特点才能确定合适的包装材料，进而采用适当的包装技术对调饮茶产品进行包装。其次，掌握和了解包装材料对调饮茶产品质量安全的影响。包装材料成分复杂，特别是由一些化学成分构成的包装材料，受热、酸、碱等的影响较大，一些包装材料里的添加剂成分可能会对调饮茶本身产生一定的影响。此外，部分调饮茶产品，尤其是瓶装茶饮料可能会与包装材料发生一些渗透和被吸附情况，进而对调饮茶的品质造成影响。因此，需要在了解包装材料对调饮茶产品质量安全影响机理的基础上，选择合适的包装材料。再次，提高调饮茶包装技术和方法。同一种包装材料采用不同的技术可能会达到不同的效果；不同的材料采用不同的技术也可能会达到相同的效果。包装技术水平越高，对调饮茶包装的质量控制和自由设计也越容易操作。最后，严格遵守调饮茶包装的标准及法规，从包装原材料、包装作业、商品流通等各个环节确保调饮茶的质量安全。

本章小结

本章研究发现我国调饮茶行业存在R&D投入不足、产品同质化现象严重、调饮茶产业标准化匮乏、相关法律法规不完善以及食品安全隐患日益凸显等问题。其中，调饮茶产业标准化匮乏主要体现在调饮茶标准化体系不健全、多方管理标准的制定导致实施争议多、标准制定周期长难度大、贯彻实施力度不强等方面；相关法律法规不完善主要体现在法律法规存在滞后性、法律法规协调性较差等方面；食品安全隐患日益凸显主要体现在食品添加剂缺乏统一标准、原料繁杂难于监控、包装材料存在隐患等方面。针对上述问题，本章提出加大R&D投入持续推出创新产品、健全调饮茶产品的检测体系、完善调饮茶产品的标准体系、提高调饮茶产品原料的质量安全品质、加强调饮茶中添加剂的使用管理、加强UHT控制和机械设备的清洁杀菌控制以及提升调饮茶产品的包装质量等对策建议，以规范调饮茶市场，促进我国调饮茶行业的健康发展。

参考文献

[1] COHEN W M, LEVINTHAL D A. Innovation and learning：The two faces of R&D[J]. Economic Journal，1989，99：569-596.

[2] O'MAHONY M，VECCHI M．R & D，knowledge spillovers and company productivity performance［J］．Research Policy，2009，38（1）：35-44.

[3] 北大法宝数据库．http://www.pkulaw.cn/cluster_call_form.aspx?menu_item＝law&Db＝whitebook.

[4] 陈红平，王晨，汪庆华，等．茶叶农药残留标准新增两种农药[J]．中国茶叶，2019，41（1）：48-50.

[5] 戴小勇，成力为．研发投入强度对企业绩效影响的门槛效应研究[J]．科学学研究，2013，31（11）：1708-1716.

[6] 范雨豪．金属三片罐中食品污染物迁移规律与控制研究[D]．无锡：江南大学，2015.

[7] 郭桂义，袁丁．我国的茶叶产品和质量安全标准现状及建议[C]// 第三届海峡两岸茶业博览会暨茶业国际高峰论坛．宁德，2009.

[8] 李丹．茶饮料质量安全研究[D]．武汉：武汉工业学院，2011.

[9] 廖亮．茶饮料包装材料分析[J]．食品与药品，2005（6）：43-44.

[10] 刘成鑫．饮料金属罐包装及罐的内涂层质量研究[J]．中国食品工业，1997（4）：28-30；32.

[11] 刘跃云，陈叙生，曾旭，等．茶叶贮藏技术研究进展[J]．安徽农业科学，2012（14）：229-230+234.

[12] 腾讯网．2019年茶叶消费特征与趋势展望[EB/OL]．https://new.qq.com/omn/20191216/20191216A0QNE600.html.

[13] 张凯强．财政支出结构与企业的R&D投入[J]．南开经济研究，2019（2）：168-185.

第二篇
调饮茶消费行为研究

第六章 调饮茶消费市场的发展现状分析

近年来，茶饮料凭借其天然、绿色、健康的特点，成为国内外饮料市场新的主力军，全球市场规模由2013年的349亿美元增长为2018年的405亿美元，累计增长16.0%。其中，中国茶饮料的市场规模位居全球第一。特别是随着人们生活水平的提高，消费需求趋于多样化、健康化和个性化，中国的调饮茶消费市场结构发生了一定的变化，冲泡调饮茶和现配新式茶饮的增长极为迅猛，在一定程度上影响了茶饮料的增长速度。本章在阐述全球茶饮料市场发展概况的基础上，分析我国不同类型消费市场的发展现状以及消费特征，以期为后续章节奠定基础。

一、全球茶饮料消费市场概况

（一）国际茶饮料消费市场概况

根据2019年市场调查数据库Innova的研究报告，亚洲成为茶饮料消费的主要地区，销售额占全球茶饮料销售额的72%，北美市场销售额占总额的15%，欧洲市场则占9%，中东、非洲和拉丁美洲的茶饮料市场规模均较小，合计仅占总额的4%，如图6-1所示。

就产量而言，2016年全球茶饮料市场规模达到3700万吨，比2011年增长了40%。预计到2021年将达到4500万吨。另据罗龙新（2019）对2013—2021年的茶饮料市场规模的分析与预测，全球茶饮料市场规模呈直线上升趋势，2021年预计达到443亿美元，与2013年相比，累计增长94亿美元，如图6-2所示。

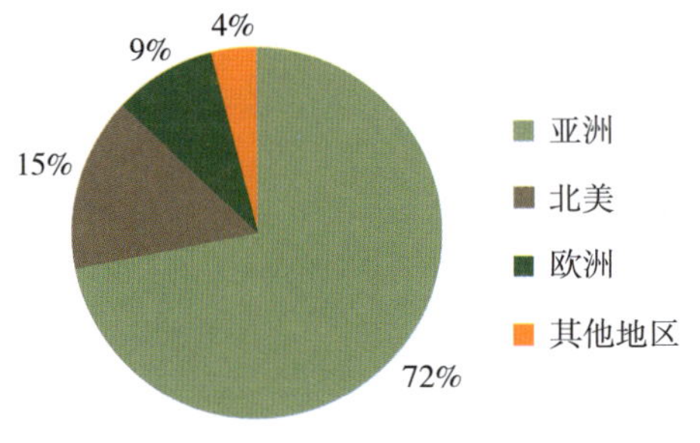

图6-1 2017年全球茶饮料市场销售额分布

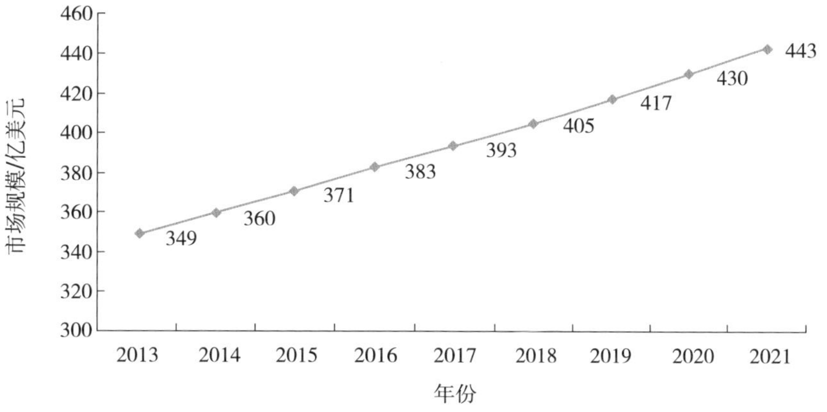

图6-2　国际茶饮料市场规模预测

就国家或地区的市场分布而言，全球茶饮料的销售市场较为集中。2017年，全球前十大茶饮料销售国家和地区的茶饮料销售总量达到3003.50万吨，销售额达到404.40亿美元。亚洲作为全球即饮茶市场（包括茶饮料）的中心，仅亚太地区即饮茶消费就占全球72%的份额。其中，中国作为世界上最大的茶饮料生产国和消费国，茶饮料消费量达到1335.6万吨，其次是日本和美国。印度尼西亚和越南紧随其后，尽管上述国家零售量的绝对值与中国、日本等相差较大，但茶饮料消费增长速度较快，未来发展潜力巨大，如表6-1所示。

表 6-1　2017 年茶饮料零售额和零售量前十大国家或地区

序号	国家或地区	零售额/亿美元	序号	国家或地区	零售量/万吨
1	中国大陆	144.3	1	中国大陆	1335.6
2	日本	134.32	2	日本	648.98
3	美国	68.3	3	美国	342.32
4	印度尼西亚	13.97	4	印度尼西亚	211.69
5	中国台湾	13.43	5	越南	132.02
6	越南	9.45	6	中国台湾	106.14
7	意大利	5.87	7	德国	74.79
8	德国	4.99	8	意大利	57.48
9	土耳其	4.91	9	泰国	47.93
10	加拿大	4.86	10	加拿大	46.55

图说

2017年茶饮料十大市场

中国、美国、日本和印度尼西亚的茶饮料销售额和销售量排名均在全球前列，其次是中国台湾地区和越南。其中，越南的销售量为132.02万吨，高于我国台湾地区的106.14万吨，但是由于越南市场上的茶饮料价格相对较低，其销售额反而低于台湾地区的13.43亿美元；而意大利和德国的情况也与其相似，尽管意大利的茶饮料销售量低于德国的74.79万吨，但是其销售额为5.87亿美元，高于德国的4.99亿美元。此外，泰国的茶饮料销售量达到47.93万吨，略高于加拿大，跻身全球十大市场。

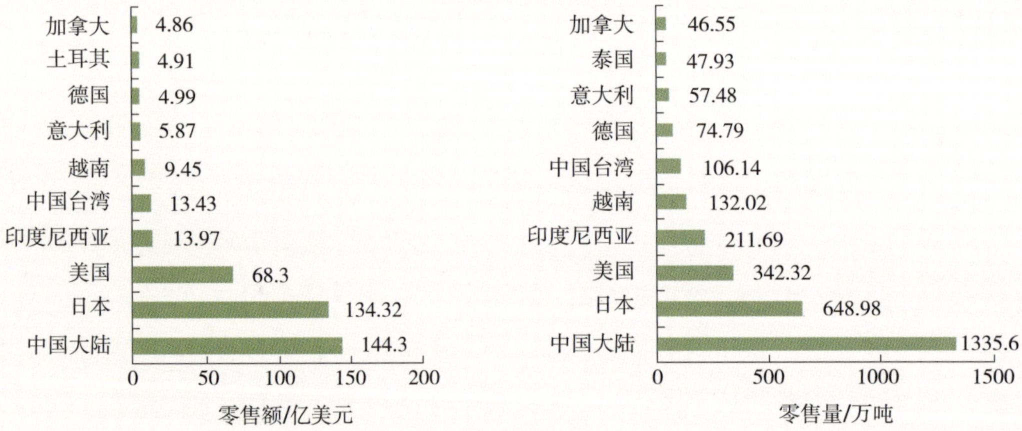

资料来源：前瞻网.2019年全球茶饮料行业发展现状与竞争格局分析[EB/OL].(2020-01-07)[2020-04-12]. https://www.qianzhan.com/analyst/detail/220/200106-c464cd93.html.

（二）日本茶饮料消费市场概况

日本作为世界茶饮料的生产和消费大国，市场消费群体庞大，消费场合众多，销售情况始终保持良好的发展趋势。并且，日本的茶饮料生产研究较为成熟，早在20世纪80年代，日本最大的茶饮料生产商伊藤园饮料有限公司就展开茶饮料的生产研究，并于1981年3月，在日本率先开发和销售罐装乌龙茶饮料，兴起了“乌龙茶”的热潮，迅速带动日本罐装乌龙茶饮料的发展。1985年2月，伊藤园饮料有限公司成功研发出罐装绿茶饮料，并将其推向市场，再次兴起绿茶饮料的流行。此后，日本乃至全世界范围内的茶饮料研究开发不断深入，茶叶内含物茶多酚、茶黄素、茶皂素、茶多糖等天然活性物质的抗氧化、抗癌、减肥、降血压、抗糖尿病、抗过敏等功能逐渐被人们所挖掘，茶饮料的健康功效日益引起消费者的关注，不仅使得以“三得利”和“伊藤园”为代表的日本茶饮料企业迅速成长，也使得茶饮料在与其他饮料的竞争中逐渐占据有利的市场地位。根据日本“全国清凉饮料联合会”（Japan Soft Drink Association）的数据，2016年日本茶饮料销售量达到612.2万吨，占日本软饮料市场销售总量的28.34%，市场份额占比第一。而从伊藤园公司销售情况来看，2018年度伊藤园的销售额突破5亿日元，历年的利润均维持稳定增长趋势，具有稳固的市场地位，如表6–2所示。

表 6-2　2014—2018 年伊藤园的茶饮料销售情况

年份	2014	2015	2016	2017	2018
销售额 / 百万日元	430541	465579	475866	494793	504153
营业利润 / 百万日元	11393	17243	21774	22043	22819
营业利润率 /%	2.6	3.7	4.6	4.5	4.5
净利润 / 百万日元	7292	8615	13693	12553	14462

在日本茶饮的品类中，绿茶饮料生产量最高，其次依次是混合茶、红茶和乌龙茶。乌龙茶饮料在20世纪90年代的销售额独占鳌头，但从2001年后销量开始下降，绿茶销售量逐渐扩大。目前，日本茶饮料市场基本由“伊藤园”“三得利”等品牌垄断。同时，随着消费者健康意识的增强，以及茶饮料消费品类的多样性和健康性，使得茶饮料的消费与传统茶消费相比优势明显，茶饮料消费不断增加。如表6–3所示，日本茶饮料市场上已形成了冰茶、水果茶、混合茶（草木、谷物和茶）、奶茶、无糖茶饮料、抹茶饮料、功能性茶饮料等种类丰富、品种齐全的茶饮料系列产品，人均茶饮料消费量从2013年的38升增长至2017年的52.2升。

表 6-3　日本三得利和伊藤园的产品分类

三得利（Suntory）		规格
两漾萃	绿茶	400 毫升
大红袍	大红袍乌龙茶	400 毫升
乌龙茶	无糖乌龙茶	500 毫升 /1.25 升
	低糖乌龙茶	500 毫升
	无糖大红袍口味	350 毫升

续表

伊藤园（Itoen）			规格
大井茶系列	大井茶绿茶（525毫升）		大井茶黑茶（525毫升）
	绿茶樱花（525毫升）		抹茶绿茶（525毫升）
	儿童绿茶（125毫升）		大井抹茶糙米茶（525毫升）
	大井茶新鲜绿（470毫升）		大井新茶（525毫升）
	绿色樱花盛开瓶（470毫升）		大井御茶九郎（375毫升）
健康矿物质系列	麦茶（650毫升）	传统养生系列	荞麦茶（280毫升）
奶茶系列	Nata de Coco 奶茶（185克）		Hato 大麦茶（280毫升）
	Chichiyasu 奶茶（250克）		黑豆茶（345毫升）
其他类型	黑豆糙米茶（500毫升）		茶室（500毫升）
	抹茶的爱（190毫升）		北海道甘蔗茶（500毫升）
	有点甜（190毫升）		

（三）美国茶饮料消费市场概况

美国作为世界第三大茶饮市场，其规模仅次于中国和日本，也是世界上最早研制和规模化生产茶饮料的国家之一。美国茶叶协会公布的数据表明，80%的美国消费者喜爱茶饮料，特别是年轻人，85%左右的年轻人表示每天都会购买茶饮料。美国茶饮料的市场规模保持平稳上升的趋势。如图6-3所示，2018年美国茶饮料销量超过18亿加仑，销售额约62亿美元，与2017年60亿美元的销售额相比略有上升。其中，红茶最受消费者欢迎，占总销售量的84%。其次为绿茶，占总销售量的15%，剩余少量为乌龙茶、白茶和黑茶。预计未来五年，美国茶饮料销量的年复合增长率将达到3%～5%。

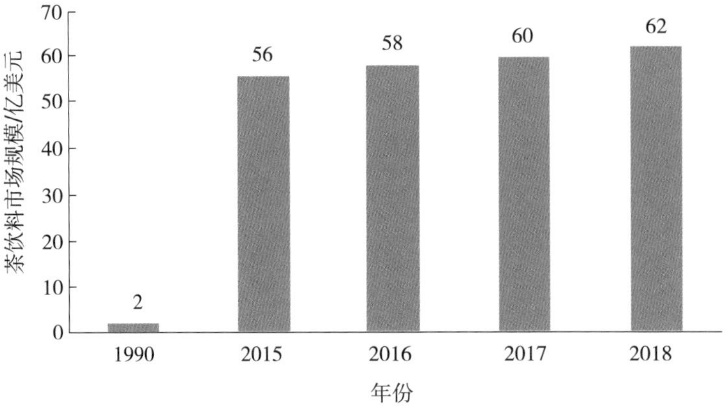

图6-3　美国茶饮料市场规模

（四）中国茶饮料消费市场概况

中国的茶饮料行业自20世纪90年代起步以来，几乎以每年30%的速度高速增长，茶饮料目前已成为我国第三大饮料品类。最早由台湾的饮料公司引入大陆市场，首先开发并推出瓶装乌龙茶、柠檬茶等系列产品，茶饮料逐渐被消费者认识并接受。20世纪90年代，康师傅、统一等茶饮料企业迅速崛起，年产量达到20万吨左右。经过10年左右的快速发展，中国的工业化瓶装茶饮料市场规模进一步扩大，并于2014年达到顶峰，销售额达到1366.94亿元。另外，以“香飘飘”为代表的杯装冲泡奶茶在2005年异军突起，开创并引领杯装冲泡调饮茶的消费市场。

此外，为迎合消费者日益高涨的健康需求，各大饮料公司于2010年左右开始以“现泡”“原叶”“直接萃取”的概念推广工业化瓶装茶饮料，并逐渐采用萃取等先进工艺制作工业化瓶装茶饮料，对茶叶原料的来源、香气、滋味、安全性均提出较高的要求，并进一步促进了传统制茶工艺和技术的改进与创新。并且，近几年来一种全新概念的现配“新式茶饮”以连锁门店的模式在沿海地区的大中城市蓬勃发展，并迅速获得众多年轻消费者的喜爱，连锁店、加盟店等如雨后春笋般从一线城市向二线城市，甚至三四线城市蔓延，个别品牌的连锁店甚至发展到5000家以上的规模。总体而言，目前中国调饮茶市场主要包括三大类产品，即工业化瓶装茶饮料、杯装冲泡调饮茶和新式茶饮，如图6–4所示。由于统计口径不同，本章的后续章节将围绕上述三类调饮茶的市场发展概况分别展开分析。

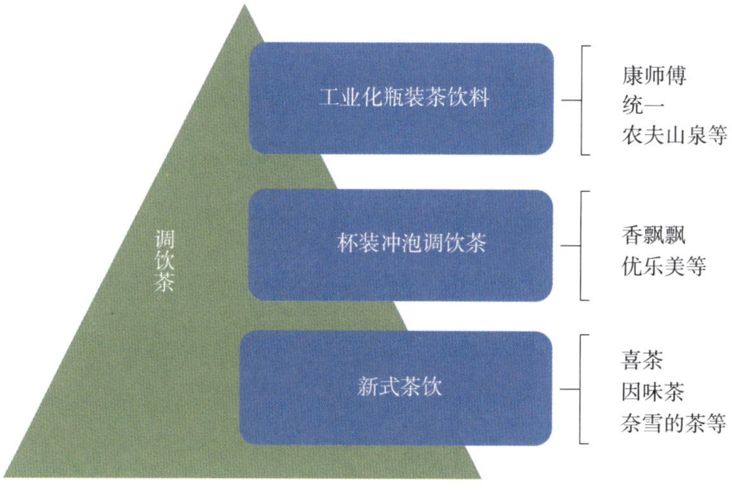

图6–4　我国调饮茶的主要类别

二、我国工业化瓶装茶饮料消费市场现状

（一）工业化瓶装茶饮料消费市场概况

近20年来，我国软饮料消费市场发生了明显的变化，一向占据龙头地位的碳酸饮料市场份额逐渐萎缩，而茶饮料取材天然，有益于身体健康，逐渐得到更多消费者的认可，市场规模迅速崛起并超过碳酸饮料，成为我国第三大饮料品类，占整体饮料市场份额的比重接近20%，仅次于包装饮用水和果汁饮料的市场份额，如图6-5所示。

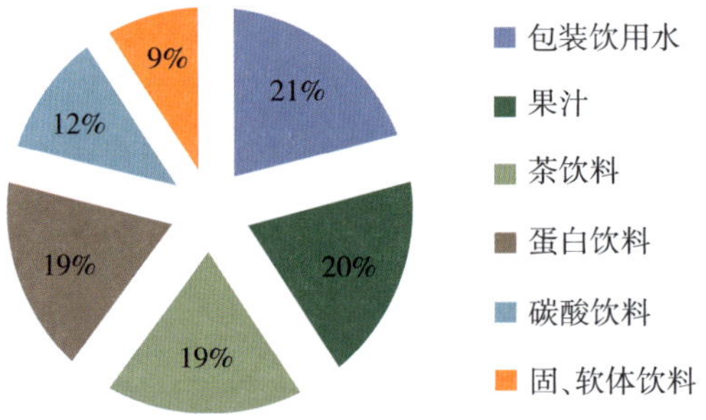

图6-5　我国各类饮料市场份额分布

2018年我国茶饮料市场的销售额突破1366.94亿元，同比增长15.67%。如图6-6所示，2003年至2010年，茶饮料市场销售量和销售额呈直线上升趋势。其中，2010年销售量同比增长16.94%，销售额同比增长16.78%，茶饮料销售市场快速发展。然而，2013年之后，茶饮料的销售额和销售量的增长趋于平缓，尽管规模变化不大，但增速与之前相比甚至出现直线下滑趋势，如图6-7所示。可能的原因是新式茶饮的缓慢崛起，抢占了工业化瓶装茶饮料的部分市场。总体而言，2014年至今，茶饮料产业开始处于结构性调整期，茶饮料销售量的增长放缓甚至开始出现下降趋势，茶饮料的销售市场整体发展速度开始放缓。

（二）工业化瓶装茶饮料消费特点

1. 消费类别偏好明显

我国茶饮料市场经过20多年的发展，已经形成了比较丰富的茶饮料产品类别和体系，主要包括冰红茶、绿茶、乌龙茶、花茶、果味茶等几大类，并以冰红茶和绿茶为主，如图6-8

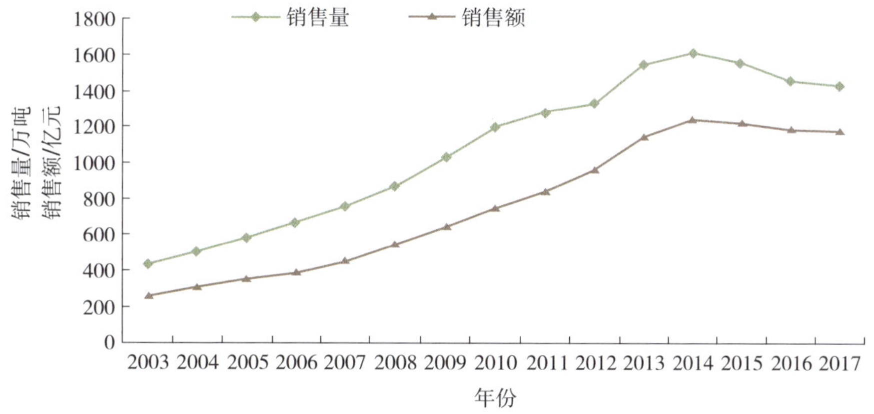

图6-6　2003—2017年我国茶饮料的销售额和销售量

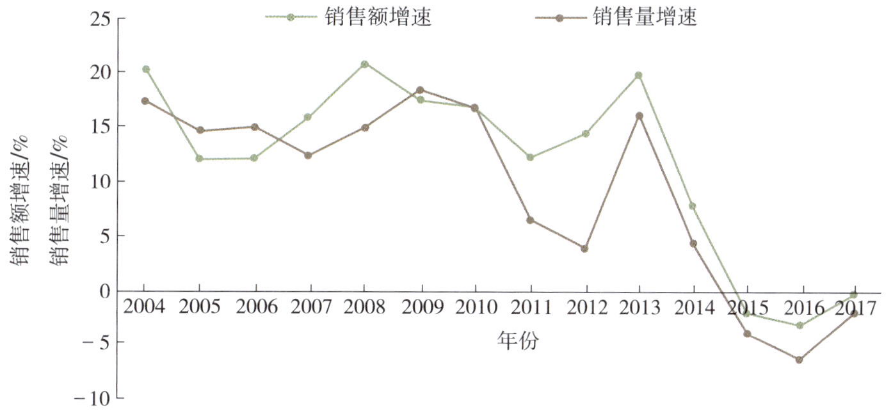

图6-7　2004—2017年我国茶饮料销售增速变化示意图

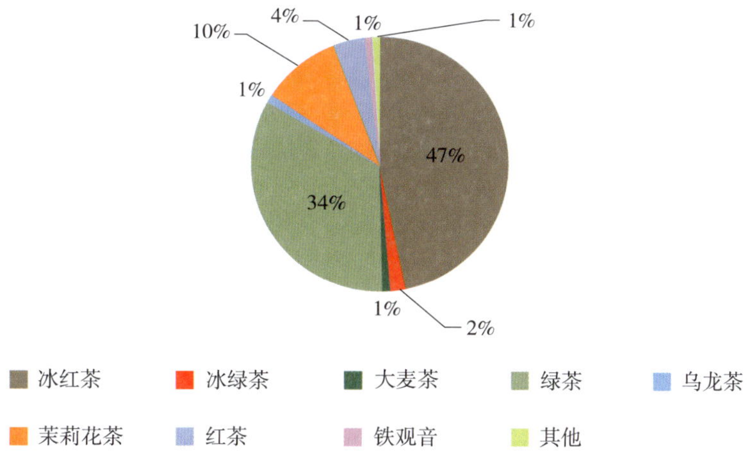

图6-8　2015年我国茶饮料口味市场分布

所示，冰红茶占据消费者消费口味的47%，而绿茶占比也达到34%，二者总占比超过消费者茶饮料消费的80%。

此外，消费者饮用的茶饮料主要为康师傅和统一两个品牌。据相关调查数据显示，重度消费者（指每周饮用3次以上）最经常饮用的产品依次为康师傅冰红茶、统一冰红茶、康师傅冰绿茶和统一绿茶，占比分别为35.7%、25.1%、21.3%和10.5%，表现出较高的茶饮料品牌偏好。

2．价格接受度提高

在市场价格方面，我国工业化瓶装茶饮料市场目前没有经历过价格战，同类产品之间的价格差异较小。但是，随着工业化瓶装茶饮料中辅料种类的不断丰富和加工技术的不断进步，众多新型茶饮料面世，新型茶饮料和传统茶饮料在价格差别也开始显现。由表6–4可知，传统茶饮料，如红茶、绿茶等的价格基本维持在3元或3元以下，而近年各大茶饮料公司所推出的新型茶饮料，如“小茗同学”等茶饮料价格均呈现明显的上涨趋势，价格基本保持在5元及以上水平，明显高于传统工业化瓶装茶饮料的价格水平。然而，从市场的销售情况来看，价格上涨并没有带来负面的消费反馈，新型茶饮料的独特口味、特色工艺等极大地满足了消费者对茶饮料的不同需求，这意味着消费者对于工业化瓶装茶饮料的价格接受度正逐渐提高。

表6-4 我国主要工业化瓶装茶饮料品牌及口味简介

企业	产品	上市年份	价格	口味
康师傅	康师傅	1997	2.5 ~ 3元/500mL	茉莉蜜茶、红茶、绿茶
	茶参厅	2019	6 ~ 6.5元/500mL	柠檬茶
统一	统一冰红茶	1995	2.5 ~ 3元/500mL	—
	统一绿茶	1998	2.5 ~ 3元/500mL	—
	小茗同学	2015	5元/480mL	乳酸菌、青柠、冰橘绿茶等冷泡工艺茶
	泰魔性	2018	5元/500mL	泰式柠檬茶
	茶瞬鲜	2018	9.9元/400mL	柠檬绿茶、青橘乌龙茶
娃哈哈	安化黑茶	2018	3.5 ~ 4元/500mL	—
	茶plus	2019	—	—
农夫山泉	东方树叶	2011	5元/500mL	乌龙茶、茉莉花茶、红茶、绿茶
	茶π	2016	5元/500mL	柚子、柠檬、西柚、蜜桃等果味茶饮
达利园	青梅茶	2007	3元/500mL	青梅绿茶、青梅花茶、青梅红茶、青梅乌龙茶

3. 消费呈现差异化诉求

随着茶饮料市场的产品种类越来越丰富，市场竞争日益激烈，不同消费群体的产品诉求日益多样化。例如，加入各种水果调制果茶饮料，如蔓越莓茶饮料、卡曼橘茶饮料、柚子茶饮料等逐渐得到广大消费者的青睐。此外，随着消费者对健康需求日益提高，不仅更加追求低糖和无糖茶饮料系列产品，而且也对生产工艺提出更高的要求，譬如生产工艺能否保持健康成分不受破坏，采用冷泡法等全新工艺。与此同时，年轻消费者这一主要消费人群对于个性化的追求日益凸显，统一、娃哈哈等一线品牌对产品的包装也开始趋于个性化，从而吸引消费者的购买。

总体而言，目前工业化瓶装茶饮料的消费一方面在于沿袭传统主流产品消费习惯，另一方面消费者对于工业化瓶装茶饮料的口味、工艺、包装个性化、差异化提出了更加积极的诉求，消费市场将不断追逐创新产品和产品特色。

4. 消费群体特征突出

我国工业化瓶装茶饮料消费群体具有层次分明的特点。目前，部分学者的调查结果显示，茶饮料的消费者中女性略多于男性，年轻群体高于中老年群体，消费群体呈现出较为明显的性别特征与年龄特征。这可能是由于茶饮料产品所宣扬的崇尚天然、健康等特点更加能够满足女性对低卡路里、时尚健康的饮料消费需求，并且女性消费者对茶饮料具有保健特性的认知水平高于男性也是其更为青睐茶饮料的原因之一。

MBA智库平台发布的《茶饮料的市场分析》报告的数据表明，15～34岁消费者是茶饮料的主要消费群体。如图6-9所示。其中，15～24岁消费者所占比例最高，为35%。其次是25～34岁年龄段的消费者，占比为33%。这可能是因为，茶饮料的市场定位多表现出快节奏和较强的时尚感，与年轻人追求个性化、追求时尚、讲究品位的消费心理特征相符，因此更受年轻消费者的青睐。

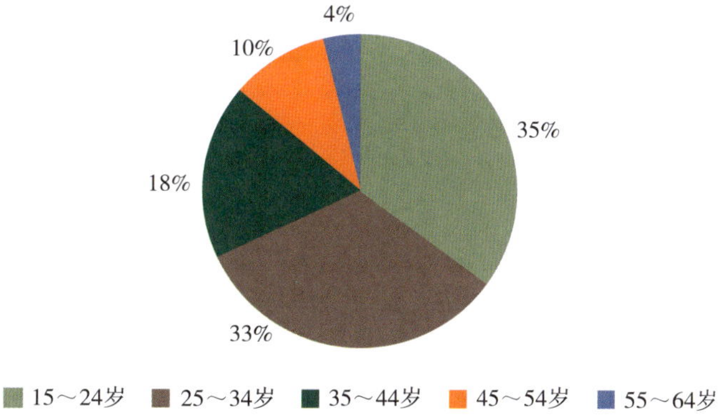

图6-9　茶饮料消费者年龄分布

此外，不同种类茶饮料的消费群体也具有一定的差异性。有学者发现，女性群体在众多种类的茶饮料产品中，更倾向于茉莉花茶、绿茶等饮品，男性消费者则对灌装红茶和乌龙茶更感兴趣。

三、我国杯装冲泡调饮茶消费市场现状

（一）杯装冲泡调饮茶的消费市场概况

杯装冲泡调饮茶是工业化生产的独立包装速溶调饮茶，开水冲泡即可饮用，由于其易于保存、方便快捷而受到广大消费者的青睐。目前，中国市场上的杯装冲泡调饮茶主要有香飘飘、优乐美、立顿和相约四大品牌，如表6–5所示。其中，香飘飘食品有限公司开发的“香飘飘”调饮茶在杯装冲泡调饮茶行业中占据半壁江山。根据香飘飘最新公布的2018年度业绩报告，2018年公司杯装冲泡调饮茶板块销售额达到32.24亿元，占中国全年杯装冲泡调饮茶市场规模的63.1%。

表 6–5　杯装冲泡调饮茶行业市场现状分析

主流品牌	香飘飘	优乐美	立顿	相约
基本定位	领先者	挑战者	追随者	补缺者
公司名称	香飘飘食品有限公司	广东喜之郎集团有限公司	联合利华有限公司	浙江大好大食品有限公司
品牌诉求	全球销量遥遥领先	捧在手心里的爱	品质第一，立于不败	
广告语	奶茶，我只要香飘飘	你是我的优乐美		时时相约，刻刻温暖
消费人群定位	年轻女性	学生族	年轻女性	青少年学生
主要营销手段	娱乐营销、特渠销售、电视节目冠名	与腾讯的强势联合、选秀活动、优乐美学院、周杰伦	渠道营销、自身形象的维护	低价策略、冰奶茶的创新产品、广告轰炸（林心如、SHE）
优势	领先者、差异化的产品及包装、盘中盘的渠道布局、大众品牌形象	时尚浪漫甜蜜的品牌认知、情感诉求、喜之郎果冻的销售渠道	公司实力强大、附属产品与替代品多、盒装产品的补充	价格优势、冰奶茶提供了新的饮用方式

续表

主流品牌	香飘飘	优乐美	立顿	相约
劣势	缺少差异化、革命性创新产品、产品品质有下滑趋向、超市断货现象	口味、包装等过分模拟香飘飘，没有自己的特色产品来实现对香飘飘的超越	公司不重视，没有战略规划缺乏核心优势、市场支持力度不足	定位不清、排名落后、市场不大
行业主要问题	销售淡季问题、产品同质化严重、品类价值没有被深入挖掘、缺乏能制定行业规则的巨头品牌和企业			

注：特渠，指非常规销售渠道，即餐饮、商超、批发等传统渠道之外的通路，如单位团购等。

（二）杯装冲泡调饮茶消费特点

目前，我国杯装冲泡调饮茶市场主要呈现以下几个特点。

1. 消费群体不断扩大

随着国内居民收入水平的提高，外出旅游、休闲消费越来越成为国内居民生活的重要组成部分，旅游休闲产业兴起。杯装冲泡调饮茶作为时尚及休闲消费饮品，具有方便、快捷、时尚的特点，迎合了市场需求。随着经济的持续发展和居民可支配收入的增长，以及杯装冲泡调饮茶产品的不断升级和多样化，消费人群不断扩张，受众日益扩大。例如，杯装冲泡调饮茶的消费群体原来以女性和学生为主，集中于15～25岁的年龄层。然而近年来，杯装冲泡调饮茶的消费群体不断扩展，男性消费者日益增加。另外，由于杯装冲泡调饮茶的不断推广和普及，大城市中高收入白领群体对杯装冲泡调饮茶产品的需求有所增加。随着礼盒装、家庭分享装等系列产品的推出，杯装冲泡调饮茶产品逐渐成为节日礼品及日常家庭消费品。

2. 消费者品牌意识提高

随着消费者食品安全意识的提高，消费者在购买杯装冲泡调饮茶时，往往倾向于选择知名度高、认可度强的产品，从而导致香飘飘、优乐美等知名品牌在杯装冲泡调饮茶的市场竞争中更易被消费者接受。同时，消费者对品牌认可程度的加强，有利于上述知名品牌在杯装冲泡调饮茶的消费市场中形成“领军品牌”效应，强化了知名品牌在市场竞争中的领导地位。因此，消费者品牌意识的提高使得众多企业以打造企业的品牌形象、巩固在消费者心中的独特品牌地位作为开拓市场的重要手段。国内杯装冲泡调饮茶行业品牌集中度将进一步提高。

3. 季节性消费明显

杯装冲泡调饮茶产品需要使用热水冲泡，主要适宜凉爽季节饮用，一般第四季度至次年第一季度是旺季，其他季节属于淡季，具有明显的季节性特征，香飘飘年报数据也证明了这一点，如图6-10所示。第四季度和第一季度是营业收入占比较高的季度，其中2018年第四季度的营业收入超过1.5亿元，第四季度和第一季度的营业收入占全年营业收入的比重接近70%；此外，2018年仅第四季度营业收入占比突破67%，第四季度的营业收入达到1.3亿元。因此，杯装冲泡调饮茶季节性差异明显。

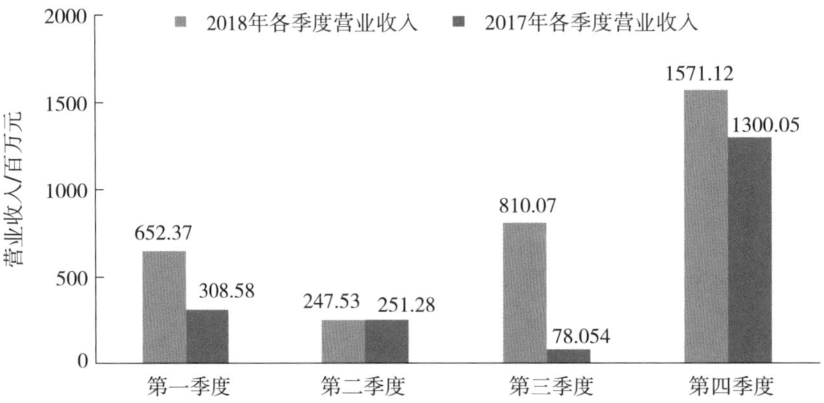

图6-10　2017—2018年香飘飘各季度营业收入

四、我国新式茶饮消费市场现状

新式茶饮是指以上等茶叶，辅以不同的萃取方式提取的浓缩液为原料，并加入新鲜牛奶、奶油、天然动植物奶油或各类新鲜水果调制而成的饮料。目前，市面上出现很多新式茶饮品牌，例如喜茶、奈雪的茶、因味茶、一点点等。

（一）新式茶饮消费市场概况

1997年，台湾珍珠奶茶连锁企业“快可立”在中国大陆发展直营店，率先将粉末冲调奶茶以连锁奶茶店的营销方式引入中国大陆，“Coco”奶茶和“避风塘奶茶”等品牌紧随其后。这类初期的奶茶店面积为3～5平方米，甚至以小窗口的形式经营。初期产品主要由茶粉、奶精、甜味剂等各种粉末冲水调制而成，味道通常包括原味、草莓味、香芋味、西瓜味、杧果味等。虽然原材料使用较为低端，但其凭借产品新颖、价格低廉、色泽鲜艳、口味香甜等特点，成为许多消费者的日常饮品，特别是受到众多年轻消费者的青睐。21世纪伊始，以门店方式经营的新式茶饮进入规模化发展阶段，复合型奶茶外卖店日益盛行。并且，市场上奶茶的种类更为多样，各种花果茶、花草茶也逐渐兴起，外观设计也更为时尚精美，满足了大量年轻消费群体的需求。

2010年之后，以门店方式经营的新式茶饮经过几年快速发展愈发趋于理性，为迎合消费者的健康需求，逐渐出现以天然茶末为基底的茶原料，但原料奶还是以奶粉或奶精为主，产品质量有所提高。消费者可选择红茶、绿茶、乌龙茶等茶底，茶底与鲜牛奶或奶精、水果等辅料制成新式茶饮。此外，产品更趋向个性化，门店空间也进行一定升级，品牌化意识逐渐加强，市场体量也在不断扩大。

随着人们生活水平的提高和对健康的日益关注，以及年轻消费者逐渐形成消费饮用的习惯，以门店方式经营的新式茶饮于2015年左右，针对用户消费体验、产品原料、门店空间变化、品牌塑造等方面进行了较大升级。例如，产品原料方面，针对消费者的偏好采用上等茶叶，运用先进的萃取工艺提取有效成分，代替原有的碎末、茶渣。并且，以新鲜的牛奶、奶油、天然的动物奶油代替奶精，从而全方位提升奶茶的口感。同时，添加各类新鲜水果、蔬菜、药材等原料制作新型的果蔬茶、保健茶等茶饮品类。在制作工艺上，生产者开始追求冷泡、真空高压萃取等更加专业和先进的萃取方式，最大限度地保留营养成分。

2019年4月3日，《美团外卖奶茶真香消费报告》中的数据显示，2018年美团外卖奶茶订单量突破2.1亿单，远超咖啡品类饮品的订单量，“奶茶”成为外卖平台上的热搜词，并有望代替可乐成为白领午餐新伴侣。如图6-11所示，2018年美团平台上的茶饮商户数量与2017年相比增长接近3倍。截至2018年第三季度，全国新式茶饮门店数已经达到41万家，与2016年第三季度相比，累计增长115.79%，扩张速度极为迅速，外卖平台极大地推动了新式茶饮消费的发展。

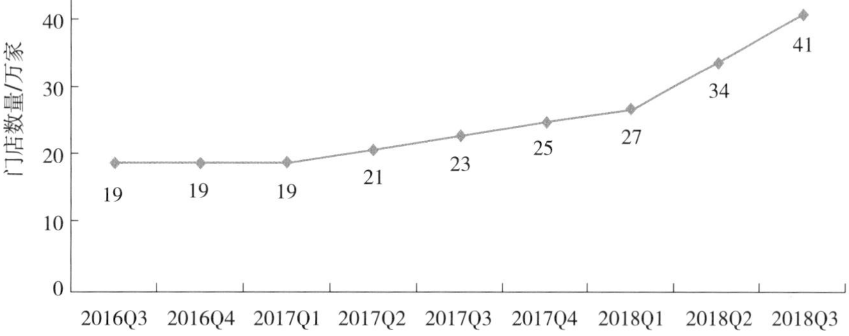

图6-11 2016—2018年中国新式茶饮的门店数量

（二）新式茶饮消费特点

1．消费价格上升

随着新式茶饮的不断升级，原料和工艺更趋于天然、绿色、健康，产品的成本一路攀升，价格也相应提高。2018年4月，奈雪的茶甚至推出价格高达88元/杯的“霸气猫山王”饮品，直接将新式茶饮的价格推至新高。如图6-12所示，2018年中国品牌连锁门店的新式茶饮客单价基本保持在12元以上。其中，奈雪的茶和因味茶的平均客单价均突破30元，奈雪的茶更是以30.7元的最高平均客单价成为高端化新式茶饮产品代表。此外“Coco”的平均客单价最低，为12.6元。

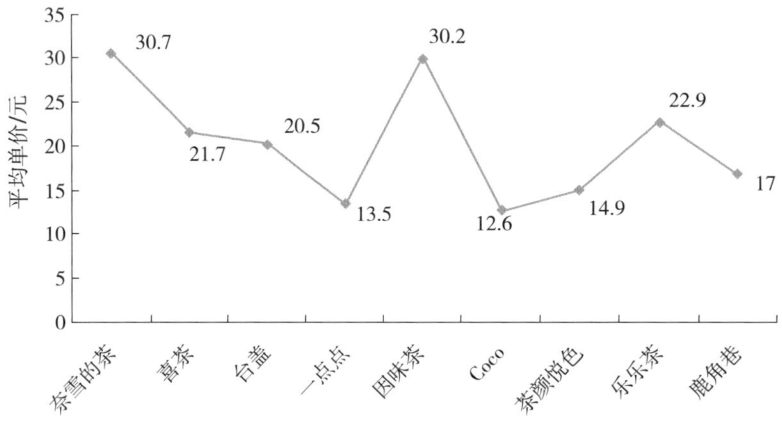

图6-12 2018年中国品牌连锁门店的茶饮平均客单价统计情况

2．消费升级与市场下沉并行

国内新式茶饮品牌的起步阶段均集中于北上广深等一线城市以及江浙一带。上述地区人口密集，经济发展程度高，居民消费水平高，办公核心区域聚集了大量的白领阶层，生活节奏比较快、对新鲜事物的接受能力比较高，是新式茶饮消费市场发展的重点区域。另外，随着消费者对于健康生活的重视，对更高生活品质的追求，促进了对新式茶饮的消费升级。但是由于缺乏有效壁垒，配方易于被模仿，新式茶饮品牌的同质化现象越来越严重。目前，一线城市新式茶饮门店的经营已经趋于成熟与饱和。

根据美团网数据显示，一线城市新式茶饮店数量在2018年的增长速度远低于三四线城市，三线及以下城市新式茶饮门店的数量同比增长138%，而二线城市、新一线城市（包括成都、杭州、武汉、重庆、南京等）和北上广深，增长速度分别为120%、96%和59%，如图6-13所示。部分一线城市如上海、北京的开店数甚至出现了负增长。从全国范围来看，虽然2018年新式茶饮的门店扩展速度惊人，但是细分到一线城市，新式茶饮门店的数量已经趋于饱和状态。在一线城市新式茶饮增长趋于放缓的背景下，二三线城市将成为新式茶饮品牌进军布局的新增长点。此外，三四线城市的消费市场基数大、增速快，蕴含着巨大的潜力和机遇。近五年来，三四线城市的社会零售总额增速高于一线城市，增速保持在10%左右，社会零售总额也超越了一二线城市，消费需求日趋旺盛。并且，随着消费升级的下沉，2018年新式茶饮门店增幅前十的城市中，有7个城市均为非一线城市。旺盛的消费需求和高速扩张的现状说明二三线城市新式茶饮的发展空间巨大，将成为茶饮门店布局的新领域。

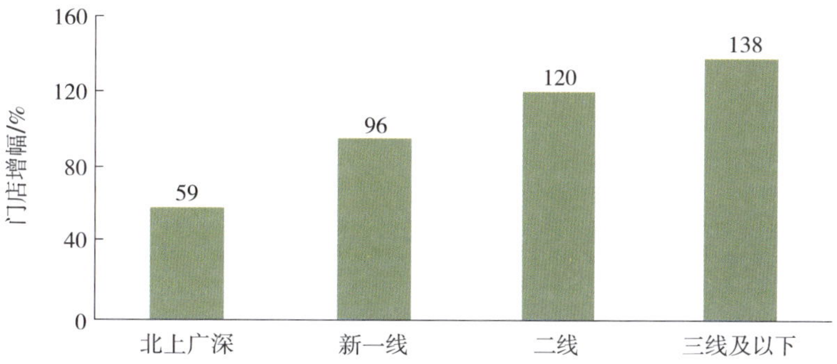

图6-13 2018年现制茶饮不同级别城市的门店增幅情况

3．消费途径多样化

随着互联网的不断发展，消费方式也不再仅限于传统的门店购买，而是借助新媒体和电子商务平台实现网络购物。例如，大众点评网和美团点评网等电子商务平台的出现，消费者只需在公众号或美团外卖等平台进行点单，在约定的时间内即可收到自己心仪的饮品。与传统茶类饮品店相比，外卖将茶饮的销售范围扩大近10倍，进一步促进了消费者对新式茶饮的消费。美团点评最新发布的《2019中国饮品行业趋势发展报告》中的数据显示，我国新式茶饮外卖商家数量持续增长，2018年第三季度较同期增长56.8%，全国新式茶饮外卖订单指数季度复合增长率38%，2018年第三季度较同期增长87%。外卖营销力量的注入，使得新式茶饮的消费逐渐从线下向线上转化。

4．消费群体和特征明显

2019年，美团点评网发布的《美团外卖真香消费报告》（以下简称《报告》）显示，门店式茶饮的女性用户数比男性高3倍左右（图6-14），95%的26岁以下女性用户中每周必点奶茶，并且不在意消费金额（图6-14）。在调饮茶的喜好方面，男性偏爱加冰水果茶，女性则更爱大杯无糖去冰奶茶。同时，红豆、椰果、芋圆、芋泥超越珍珠，成为女性最爱的配料。

并且《报告》显示，选择全糖或多糖的用户只占7%，在各类甜度选项中，选用无糖的用户数排名第一，其次是半糖，这表明低糖甚至是无糖饮品更受欢迎。同时不少养生茶也逐渐成为消费者的选择之一，功效多以生发补脑为主。这表明，男性和女性消费者均越来越关注健康。

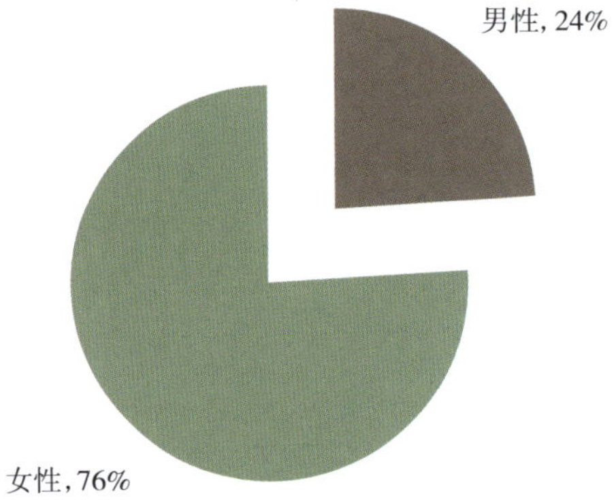

图6-14　饮品店用户性别比

此外，消费群体分布也出现一定的变化，市场消费主力由80后逐渐转变为以“90后”和更为年轻的消费群体。如图6-15所示，25岁以下的饮品店消费者占42%。与“80后”相比，“90后”的成长环境更自由、成长条件更优越，他们具有更为强烈的自我意识，更愿意尝试新鲜事物，对产品的品位和独特性、个性化的要求更高，而产品的质量、价格、性价比等因素对其购买行为的影响趋于降低。20世纪90年代之后出生的消费者成为新式茶饮的主要消费群体，消费主体偏好的上述变化对调饮茶产业的发展影响较为巨大。

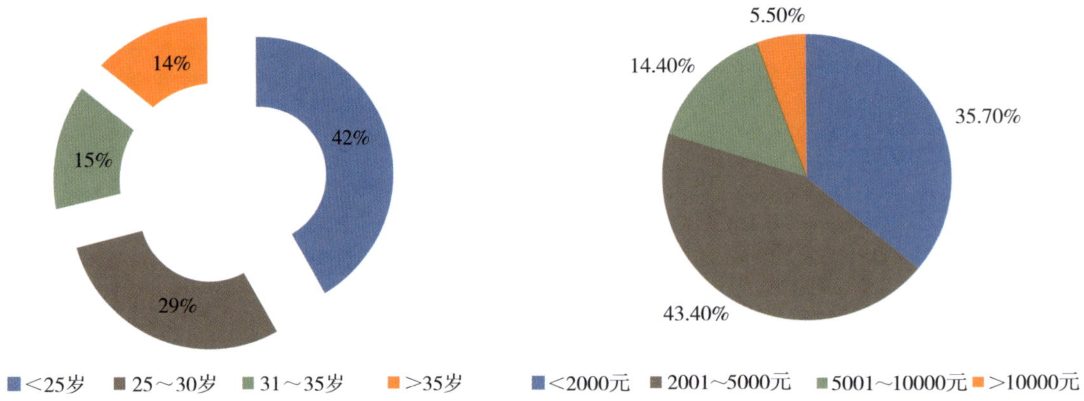

图6-15　饮品店用户年龄及月收入分布

新式茶饮的主体消费人群较为年轻，其月收入也偏低。以奶茶这一主要调饮茶种类为例，43.4%的奶茶消费者月收入水平在2001～5000元，近八成的奶茶消费者月收入低于5000

元，如图6–15所示。此外，从图6–16所示的饮品消费单价上看，35岁以上的男性消费单价最高，男性的消费单价普遍高于女性的消费单价，基本差额维持于5元左右。

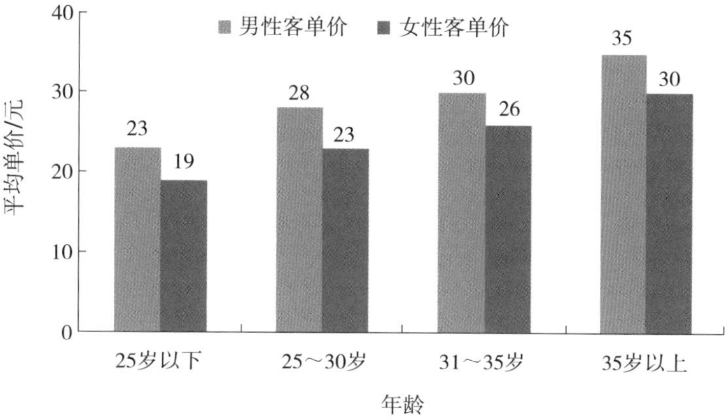

图6–16 饮品店用户客单价

本章小结

综上所述，我国已初步形成工业化瓶装茶饮料、杯装冲泡调饮茶和新式茶饮三大类调饮茶，尤以新式茶饮近几年的发展最为迅猛，产品品质也进一步升级，赋予了传统调饮茶新的时代意义。新式茶饮以一种更时尚、更新鲜以及更贴合年轻消费群体需求和消费心理的方式，让中国传承千年的“茶”文化走进年轻一代的市场，再次焕发新的市场活力。

参考文献

[1] 2015年度全国茶饮料消费者满意度测评结果[J]．福建质量管理，2015（10）：13-15.

[2] 2019中国饮品行业趋势发展报告：茶饮门店数达41万家，女性是消费者主体[EB/OL].（2018-12-13）[2019-12-12]. http://www.sohu.com/a/281549382_118792.

[3] MBA智库．茶饮料的市场分析[DB/OL].（2018-11-23）[2019-12-12]. https://doc.mbalib.com/view/04c95254582e8217ed21727245043632.html.

[4] ZAKER资讯发布．外卖奶茶真香消费报告：26岁以下女性用户95%实现奶茶自由[EB/OL].（2019-04-04）[2019-12-12]. https://baijiahao.baidu.com/s?id＝1629878744431593441&wfr＝

spider&for=pc.

[5] 柏雪宇．论我国茶饮料市场现状及发展策略[J]．福建茶叶，2016，38（3）：40-41.

[6] 豆丁网．2019年新式茶饮行业研究报告[EB/OL].（2019-07-22）[2019-12-12]. https://www.docin.com/p-2232555507.html?docfrom=rrela.

[7] 豆丁网．2019年中国奶茶行业分析报告[EB/OL].（2019-07-17）[2019-12-12]. https://www.docin.com/p-2230796086.html.

[8] 黄静，张帆，陈素芹，等．中国茶饮料行业现状与展望[J]．中国茶叶，2017，39（5）：29-31.

[9] 罗龙新．国内外茶饮料发展现状和趋势[J]．中国茶叶，2019，41（1）：14-18.

[10] 美国茶叶协会．state of the industry[DB/OL].（2018-）[2019-11-21]. http://www.teausa.com/14654/state-of-the-industry.

[11] 美团点评2017年中国饮品店发展报告[DB/OL].（2018-04-26）[2019-12-12]. https://www.doc88.com/p-0364876090403.html.

[12] 前瞻产业研究院．2018年中国奶茶行业发展现状及市场趋势分析多品类融合发展或将带来盈利可能[DB/OL].（2019-05-08）[2019-12-12]. https://bg.qianzhan.com/report/detail/459/190508-dc1fe 52a.html.

[13] 前瞻产业研究院．2018年中国新式茶饮行业市场现状及发展前景分析发展周边产品迎合年轻消费者需求[EB/OL].（2019-05-29）[2019-12-20]. https://bg.qianzhan.com/trends/detail/506/190529-c9ff6738.html.

[14] 前瞻产业研究院．预见2019：《中国茶饮料产业全景图谱》[EB/OL].（2019-05-09）[2019-12-12]. http://mini.eastday.com/a/190509110936431.html.

[15] 前瞻网．2018年中国新式茶饮行业发展现状和市场前景分析，二三线城市空间大[DB/OL].（2019-05-11）[2019-12-12]. https://www.qianzhan.com/analyst/detail/220/190510-24398b36.html.

[16] 三得利．[EB/OL].（2018-10-17）[2019-12-12]. http://www.suntory.com.cn/foods/.

[17] 盛国华．日本茶饮料的发展[J]．中外食品，1999（2）：13-15.

[18] 搜狐网．2019年中国茶饮料行业发展现状及未来发展趋势分析[EB/OL].（2019-12-11）[2020-04-12]. http://www.chyxx.com/industry/201912/816658.html.

[19] 屠幼英．走进日本散记[J]．茶叶，2001，27（4）：61-62.

[20] 王志岚，李书魁，尹军峰．茶饮料市场现状浅析[J]．江西农业学报，2009，21（5）：197-198. DOI：10.3969/j.issn.1001-8581.2009.05.063.

[21] 文天华．新式茶饮的市场前景与创业建议[J]．农村新技术，2019（8）：51-52.

[22] 伊藤园．[EB/OL].（2018-7-19）[2019-12-12]. https://www.itoen.co.jp/.

[23] 伊藤园企业财务简报[EB/OL].（2019-09-06）[2019-12-12]. https://www.itoen.co.jp/finance_ir/highlight/.

[24] 曾小燕，蔡烈伟，刘小煌，等．我国茶饮料行业现状与发展对策[J]．蚕桑茶叶通讯，2017（3）：16-19.

[25] 中国产业洞察网．2014年中国茶饮料行业发展现状及趋势[EB/OL].（2014-04-21）[2019-12-12]. http://www.51report.com/free /3038922.html.

[26] 中商情报网．2015中国奶茶行业发展概况[DB/OL].（2015-11-16）[2019-12-12]. http//www.askci.com/news/chanye/2015/11/16/85439u2es.shtml.

第七章　消费者对调饮茶的认知

本章主要分析消费者对调饮茶的了解程度、了解渠道，对调饮茶健康价值、营养价值、各种营养成分的了解程度以及对调饮茶调配技术的认知情况。通过挖掘消费者认知调饮茶过程中存在的问题，相关企业可采取针对性的措施提高消费者对调饮茶产品的认知，帮助消费者深入了解调饮茶产品的价值，促进调饮茶产品的市场发展。

一、消费者对调饮茶认知的研究意义

（一）消费者对调饮茶认知的概念

Alba和Hutchinson（1987）认为熟悉度（Familiarity）与精通度（Expertise）两个部分构成了消费者的产品认知。熟悉度是指消费者购买产品并对产品进行对比而累计的产品特点的经验，而精通度是指消费者对产品的鉴别和分辨能力。Engel等（1968）提出知晓产品、产品专用词语、产品属性、价格知识与消费者对特定产品的态度等组成了产品知识。其中，产品专用词语包括产品相关特性名词和专用术语；产品属性即消费者在购买时需要考虑的产品特点；特定产品的态度是指消费者综合产品各项属性后的评价。对于产品知识的认知程度，Brucks（1985）从三个方面来进行研究，认为消费者产品属性的认知方式分为主观知识、客观知识和经验知识三种类型。

因此，消费者对调饮茶的认知是消费者将关于调饮茶的信息进行加工整理的活动。信息是消费者通过感官接收到的刺激所形成的直观信息，包括知觉、感觉、想象、记忆、思维等，这些信息统合起来，以一定的逻辑关系组合并反馈到功能系统，从而实现消费者对调饮茶的认知。消费者对调饮茶的认知是通过心理活动来获取知识和认识调饮茶的过程，有广义和狭义认知之分。人们通过各种感官对调饮茶信息进行加工，最终形成心理活动，从而获取知识的过程称为广义认知。狭义认知则仅仅是指获取关于调饮茶的知识并进行理解和加工的过程。广义的认知包含了消费者获得知识并进行加工后形成的静态结构的过程，而狭义的认知则是强调个体进行信息处理的思维运算过程。消费者对调饮茶的使用与消费是其区别于生产者和销售者的主要原因。就过程而言，消费者对调饮茶的认知则包含了消费者对调饮茶进行信息处理加工和加工后的信息最终构成的静态知识结构两部分。就内容而言，消费者对调饮茶的认知是消费者对调饮茶产品各属性的认知综合，既包括质量、营养价值等内在属性，也包括品牌、包装、价格等外在属性。

声音

董大海（大连理工大学管理学院教授）：消费者对产品的认知过程始于各种感觉器官的感觉，外部信息经过感觉器官进入消费者大脑，大脑再根据感觉材料及记忆中原有的知识和经验，对这些信息进行加工，最终形成产品认知。产品的质量、价格和其他营销因素也都是通过消费者认知决策过程发挥作用。

徐鹏（南开大学博士）：个体的认知始于感觉，信息和环境通过感觉经过认知和反射两种方式引发消费者行为。进入人的认知系统的感觉，经过思考、对比、推论和理解等思维活动后转化为行动，这部分行为会受到长期记忆的调节，长期记忆系统中存储的主要是语义理解类的知识内容。在其品牌定位研究中对人的认知模式给出了详细图解，如右图所示。

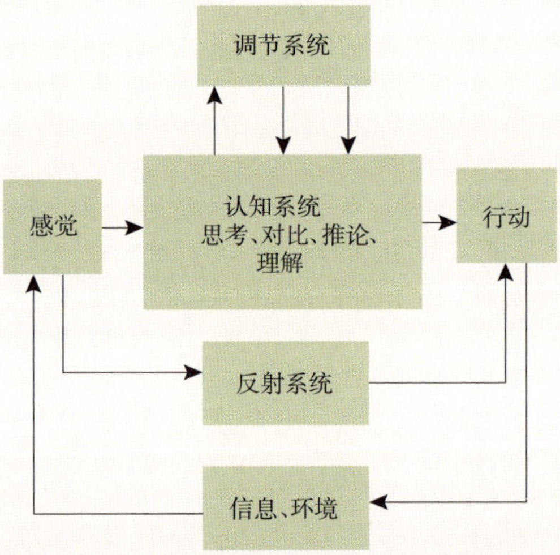

资料来源：刘晟楠，董大海．基于两大心理学理论对网购消费者虚拟体验的解读[J]．外国经济与管理，2011，33（2）：41–47.

徐鹏．基于消费者认知的品牌定位模式研究[D]．天津：南开大学，2009.

（二）消费者对调饮茶认知的形成过程

消费者对调饮茶的认知是个动态实现的过程。从消费者感知开始，调饮茶相关信息通过大脑的收集、加工、处理等转化为知识，最终以特定的形式储存固定，便于同种刺激的再次辨识。这些复杂的环节缺一不可，才能构成消费者对调饮茶的最终认知。从心理学角度看，消费者认知过程是其对感知信息的加工处理过程，一般包括解释、记忆和整合三个过程（图7–1），这些认知环节按照一定顺序，融合形成对调饮茶的认知结果。

1．解释过程

在消费者对调饮茶产品认知的解释过程中，更侧重消费者搜集和解释信息的能力。信息又称为情报、咨询、消息，不同学者从不同角度（控制、经济、物理、电子等）对信息下了很多定义，但是这些定义都强调信息是对客观事物和关系的反映，均经过加工并且具有一定意义。消费者对调饮茶信息的获取就是指与调饮茶有关的广告或商品等信息刺激了人的感官和大脑等待进一步加工的阶段。目前，消费者了解信息的途径主要包括：

（1）经验　消费者实际生活中所见所闻以及实际感受，这是消费者获取有关信息的基本来源。

（2）团体　指消费者的亲戚、朋友、邻居等提供的有关调饮茶的信息。

（3）市场　指市场上调饮茶推销人员、营业员、经销商、产品展览、产品包装、说明书等提供的信息。

（4）大众媒介　指报纸、杂志、广播、电视、政府机关以及其他大众传播媒介提供的有关调饮茶的信息。

消费者的职业、受教育程度、社会地位等均会对选择信息的途径产生影响。如退休人员获取调饮茶的途径大多为报刊、广告，家庭主妇则依靠亲朋好友的介绍。

2．记忆过程

记忆过程实际上是消费者对获取到的信息和知识进行加工的过程。具体来说，消费者在获取信息和知识之后，分为三个过程进行记忆：过滤信息、储存信息、提取信息。首先为过滤信息，消费者会对调饮茶产品信息进行评估，从而确定是否将其储存于长时记忆或者将它作为不重要的信息过滤。其次是储存信息，这个过程是消费者将短时间记忆存储到长时间记忆的过程。消费者长期记忆的形式可以通过形象的图案或画面（如调饮茶的商标、广告等），也可以通过语言描述（如调饮茶产品的功能和特性）。信息的各个节点被保存到消费者的大脑中，一旦外界刺激就能迅速激活并产生一系列扩散信息。在消费者认知过程中，各种宣传媒介的作用不可忽略。消费者通常通过电视、网络、书刊、杂志、社区宣传以及邻里同事交流来认知调饮茶。最后为提取信息，消费者此时从长期记忆中提取信息，用来评估调饮茶并且将激活原先存储在长期记忆中的一系列关键信息。

3．整合过程

在整合过程中，消费者将解释过程中产生的知识、意义和信念与记忆过程中被激活的已有的知识、意义和信念进行整合，进而形成对调饮茶产品及品牌的评估，并在各种选项中做出决策。在整合过程中，消费者的重点任务是对调饮茶进行评估。

（1）是否进行产品评估　在认知过程中，消费者面临的第一个决策就是是否进行产品评估。如果决定要进行产品评估，就要对各种信息进行搜集处理和整合。否则，就使用简单决策规则以避免所需要的产品评估。通常参与水平高的消费者容易进行产品评估，而参与水平低的消费者则不会选择产品评估。在消费者对于产品的认知比较表面化以及关注程度较低的情况下，消费者购买调饮茶往往选择简单决策规则。

（2）**基于调饮茶产品种类还是基于具体属性进行产品评估**　前者是将产品作为一个整体进行评估，而不是基于具体属性进行评估。基于属性的评估则是要求按照诸如优良品质、丰富的营养成分以及高端的包装等具体属性来比较每一个可供选择的调饮茶产品。

（3）**补偿评估还是非补偿评估**　补偿评估是消费者为了选择调饮茶若干方面的突出品质从而接受该调饮茶产品在某一方面不足的评估策略。即消费者所选择品牌的若干突出性能可以补偿该品牌不足之处的评估策略。与之相对的是非补偿策略。非补偿策略是指消费者在评估品牌时每次只会考虑一个属性，并按每一个属性来评价所有被考虑的品牌。消费者在选择非补偿评价时很可能因为某个品牌在某一属性上的不足而将其淘汰。以连锁店新式茶饮为例，新式茶饮产品为消费者带来更好的口感体验，深得部分消费者的喜爱，但是相较于瓶装、打开即饮的调饮茶产品，新式茶饮价格较高、携带不便、难以贮存，因此难以吸引收入相对较低或较为忙碌的消费者。本研究结果绘制成图7–1展示消费者认知过程。经历解释、记忆和整合过程后，消费者最终形成了对调饮茶产品或品牌的认知。认知情况并非一成不变，当消费者再次加工关于某调饮茶产品或品牌的相关信息时，可能会形成针对该调饮茶产品或品牌的新认知。

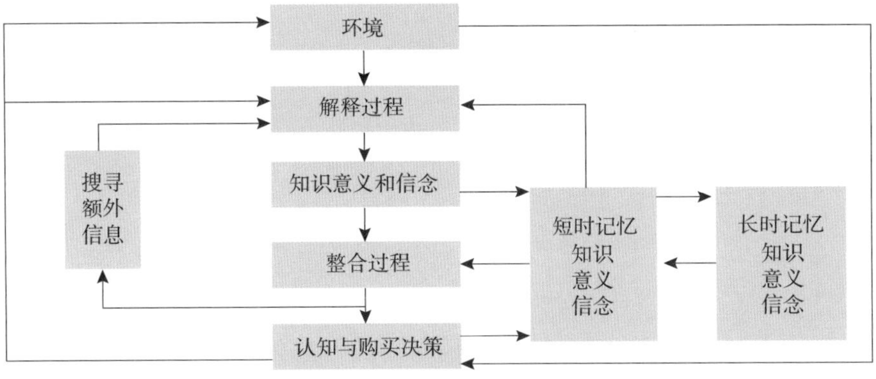

图7–1　消费者的认知过程

（三）影响消费者对调饮茶认知的因素

1．社会因素

社会环境的变化会影响消费者对调饮茶情感需求上的改变。不同时期的社会背景不同，人们对于调饮茶的认知也就会产生变化。在匈牙利，大约在18世纪初，茶作为一种奢侈品，仅为贵族阶层消费，并且人们经常把茶与药、疾病联系在一起。因此，匈牙利人对茶讳莫如深，不愿谈起。19世纪中期开始，茶逐渐进入中产阶层的交际场所，在葡萄酒商店、药店、瓷器店和集市上销售。由此可见，人们对于调饮茶认知的发展，受到了社会因素的极大影响。随着时代的变迁，调饮茶产业飞速发展，消费者在新的社会时期有着新的认知观点和需求。

2．文化因素

文化因素影响消费者对调饮茶认知的构成和发展，决定人们对调饮茶认知的水准。比如，德国茶文化具有现代发达工业国家的特色，他们依靠其强大的工业技术水平对茶进行全方位的包装与开发，充分利用茶的各种保健功效，开发出各种茶产品，如袋泡茶、罐装茶饮料、速溶茶和香味茶等。总体而言，德国茶文化简约、实用、高效而时尚。传统的匈牙利人喜欢饮红葡萄酒，而红茶的口感、色泽等方面接近红酒。因此，匈牙利人将红茶视为葡萄酒的替代品，红茶与葡萄酒均成为其生活中非常重要的饮品。

3．消费者成长环境因素

即使人们生活在同一个时代，有着同样的社会、文化背景，但是由于每个人成长环境的不同，从小就接受的家庭观念和教育水平存在差异，导致人们对调饮茶的认知水平也不同。因为，调饮茶产品并不属于生活必需品，因此经济状况较差的家庭可能不会或是很少消费调饮茶，对其认知度相对较低。反之，若家庭经济良好或是家庭成员喜好喝茶，受家庭环境的影响，消费者也会对调饮茶产品有较为全面的了解，认知水平也相对较高。

4．消费者个体特征

不同个体特征的消费者对调饮茶的认知过程和水平也存在差异。比如，女性消费者相对男性消费者更关注饮食信息，因而可能对调饮茶的认知更高。越年轻的消费者对新鲜的调饮茶产品更感兴趣，因而对新品调饮茶的认知可能更高。受教育程度和收入水平越高的消费者可能更关注高档次调饮茶产品相关信息。

二、调查方案与消费者个体特征

（一）调查方案

本书的第七、第八、第九、第十章均针对消费者问卷调查获取的数据展开相关分析。问卷主要分为4个部分：第一，消费者个体特征及对调饮茶的认知；第二，消费者对调饮茶的态度；第三，消费者饮用调饮茶的习惯；第四，消费者购买调饮茶的行为。2019年7月20日至8月15日期间，本调研团队在杭州、福州、广州、重庆、北京5个城市分别发放510份调查问卷，对调饮茶的消费者进行问卷调查，最终回收有效问卷2525份。问卷的信度效度均在0.7以上，表明问卷质量良好。

（二）调查样本统计特征

表 7-1　受访者个体统计特征

变量		总数（n=2525）	占比/%
性别	男	1014	40.16
	女	1511	59.84
年龄	≤ 19	123	4.87
	20 ~ 29	1935	76.63
	30 ~ 39	447	17.70
	≥ 40	20	0.79
受教育程度	小学及以下	0	0
	初中	44	1.74
	高中或高职	274	10.85
	大专	768	30.42
	本科	1356	53.70
	研究生及以上	83	3.29
婚姻状况	已婚	927	36.71
	未婚	1598	63.29
工作性质	公务员及事业单位职员	339	13.43
	企业员工	1153	45.66
	自由从业者	484	19.17
	退休人员	0	0
	学生	474	18.77
	无职业	54	2.14
	其他	21	0.83
家庭年收入	5 万元及以下	145	5.74
	5 万 ~ 10 万元	1096	43.41
	11 万 ~ 15 万元	906	35.88
	16 万 ~ 20 万元	305	12.08
	21 万元以上	73	2.89

如表7–1所示，根据此次调查问卷所反馈的数据整理后可知，2525个受访者中，女性共1511人，占比为59.84%，男性共1014人，占比为40.16%，女性人数多于男性，但总体比例差别不大，比较合理。

问卷将受访者年龄划分为19岁及以下、20～29岁、30～39岁、40岁及以上四个阶段。根据问卷中统计的数据显示，超过一半的受访者年龄分布在“20～29岁”，占比76.63%。调饮茶属于现代餐饮业，消费者以年轻人为主，故30岁以上，尤其是40岁以上的消费群体规模较小。而19岁以下的年轻人大都为学生，无稳定的收入来源，因此该年龄段消费群体也相对较少。

在受教育程度方面，被调查者中有84.12%的人具有本科或大专学历，这两个群体学历均较高，基本都有稳定的收入来源，追求相对较高的生活品质，具备较强的消费能力。按照样本的职业数据来看，大多数受访者为企业员工、自由职业者和学生，占比分别为45.66%、19.17%、18.77%。超过一半的受访者处于未婚状态，占比为63.29%。大多数受访者家庭年收入在5万元以上，其中家庭年收入在5万～10万元、11万～15万元、16万～20万元的受访者分别占43.41%、35.88%、12.08%。

三、消费者对调饮茶的认知程度和渠道

（一）消费者对调饮茶的认知

1．消费者对调饮茶的了解程度整体偏低

如图7–2所示，2525名受访者中，有69名（2.73%）受访者完全不了解何谓调饮茶，756名（29.94%）消费者不太了解，751名（29.74%）受访者了解一般，798名（31.6%）受访者比较了解，只有151名（5.98%）受访者对调饮茶非常了解，将近60%的消费者不太了解或一般了解调饮茶。通过5点李克特量表（Likert scale）评分方式测量（例“完全不了解”“不太了解”“一般了解”“比较了解”“非常了解”，分别记为1～5分）消费者对调饮茶的了解程度发现，2525名受访者对调饮茶认知的平均得分为3.081分。由此可见，调饮茶虽然逐步深入消费者的生活，但消费者对调饮茶的认知度不高，从企业营销和调饮茶产品市场推广的角度而言，有必要提高消费者对调饮茶的认知程度。

2．不足四成的消费者对调饮茶认知度较高，女性认知水平高于男性

在所有受访者中，仅有37.6%的消费者比较了解或非常了解调饮茶。62.4%的消费者对

调饮茶完全不了解、不太了解或了解一般，说明调饮茶对此类消费者来说尚属于比较陌生的产品，需增加宣传提高其普及率和知名度。对调饮茶了解程度较低的消费者的年龄主要集中于20～29岁，占比为75.6%；学历以大专和本科为主，共占83.2%；62.3%的消费者处于未婚状态；大多数消费者是企业员工、自由职业者或学生，三者共计占比84.3%，家庭年收入集中在5万～15万元，占79.1%，年收入在16万～20万元的消费者占比为11.4%。通过进一步比较研究发现，对调饮茶完全不了解、不太了解、一般了解、比较了解、非常了解的消费者中女性占比分别为49.3%、59.5%、59.5%、60.5%、64.2%（图7-3）。由此可知，对调饮茶了解程度越高的人群中女性消费者占比越大。除性别外，消费者其他个体特征对其调饮茶认知程度并无显著影响。

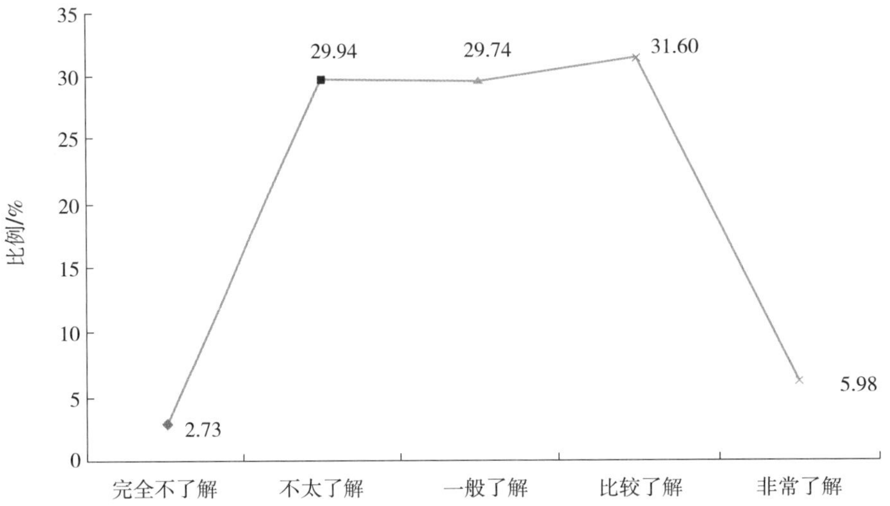

图7-2 消费者对调饮茶的了解情况

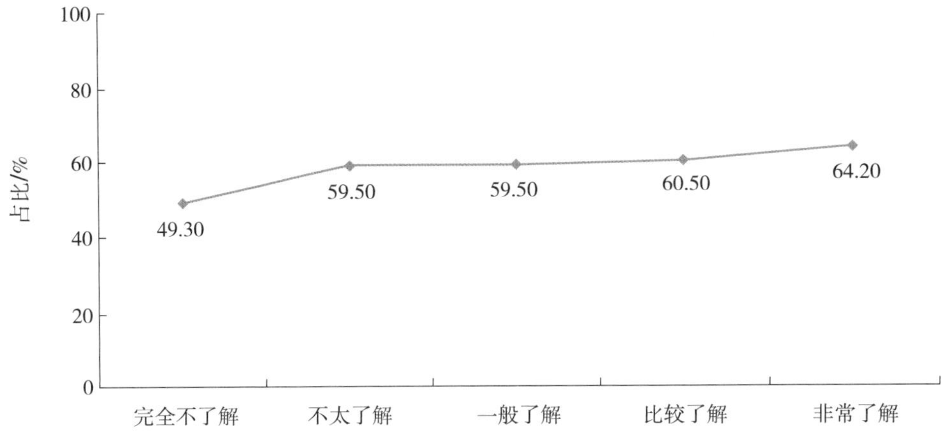

图7-3 对调饮茶认知不同的各类群体中的女性占比情况

（二）消费者了解调饮茶的主要途径

1．朋友介绍成为消费者了解调饮茶最主要的途径

如图7–4所示，在消费者了解调饮茶的渠道方面（多项选择题），通过朋友介绍了解调饮茶的被选择频次最高，为1601（63.41%）；其次是通过网络宣传和电视广告的方式了解调饮茶，被选择频次分别为1419（56.20%）和1094（43.33%）。此外，还有消费者通过人员推销或电商购物平台的消费者评价记录的方式了解调饮茶，其被选择频次分别为996（39.45%）和776（30.73%），通过其他途径（如机场宣传栏等）了解调饮茶被选择频次为767（8.04%）。调查结果表明，朋友介绍是消费者了解调饮茶产品最主要的途径。由此可知，调饮茶生产与销售企业应格外注重产品的口碑宣传营销功能；此外，随着互联网的普及，网络宣传已超过传统的电视广告宣传成为企业提高消费者对调饮茶认知的重要途径。

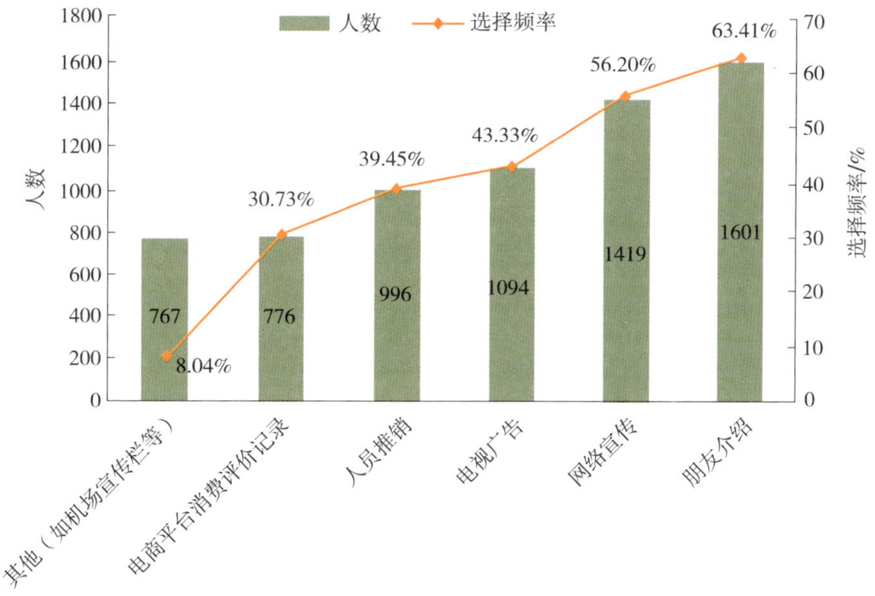

图7–4　消费者了解调饮茶的途径

2．通过电商平台消费评价了调饮茶的消费者对调饮茶的认知度最高

通过数据分析发现，通过电商购物平台消费评价记录了解调饮茶的消费者对调饮茶认知的平均得分为3.29分，位居第一，其次是人员推销（3.16分）、网络宣传（3.11分）、电视广告（3.12分）、朋友介绍（3.11分）以及其他（3.04分）等了解调饮茶的方式（图7–5）。由此可以看出，与电商购物平台消费评价记录相比，通过人员推销、网络宣传、电视广告、朋友介绍以及其他途径（机场宣传栏等）了解调饮茶的消费者对调饮茶的认知度均不高。然而数

据表明，消费者大多通过朋友介绍、网络宣传、电视广告人员推销来了解调饮茶，这也解释了大多数消费者对调饮茶认知度较低的原因。由此可见，企业在产品宣传时，应积极引导消费者更关注其产品消费评价记录，同时企业应重视自身产品的品质，进而赢得良好的口碑，形成良性循环。

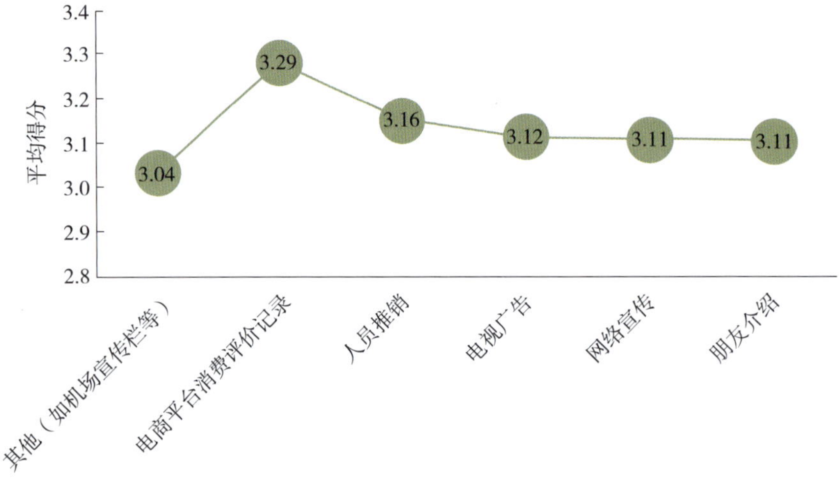

图7-5 不同途径下消费者对调饮茶的认知度

四、消费者对调饮茶健康和营养价值的认知

（一）仅30%左右的消费者对调饮茶健康或营养价值的认知较高

在调饮茶产品健康价值方面，6.57%（166人）的受访者表示完全不了解，32.20%（600人）的受访者表示不太了解，30.89%（780人）的受访者表示一般了解，23.76%（813人）的受访者表示比较了解，只有6.57%（166人）的受访者表示对调饮茶的健康价值非常了解。在调饮茶产品营养价值方面，3.68%（93人）表示完全不了解，25.03%（632人）表示不太了解，41.35%（1044人）表示对营养价值一般了解，24.12%（609人）表示比较了解，5.82%（147人）对调饮茶的营养价值非常了解。消费者对调饮茶健康价值和营养价值的了解程度的均值分别为2.92和3.03。对调饮茶健康价值和营养价值的认知较低的消费者占比均接近70%。由此可见，消费者对调饮茶健康价值与营养价值的认知度不相上下，且均比较低。

（二）对调饮茶认知度越高的消费者越了解调饮茶的健康与营养价值

如图7-6所示，在所有受访者中，69.7%的消费者对调饮茶健康价值的认知较低。此类消费者中，男女比例分别为39.3%和60.7%，年龄大多在20～29岁，占74.6%；学历以大专和本科为主，共占84.1%，61.1%的消费者未婚；大多数消费者是企业员工、自由职业者或是学生，三者合计占83.8%，家庭年收入集中在5万～15万元，占比79.1%。此类消费者对调饮茶认知的均分为2.76，显著低于对调饮茶健康价值认知较高的消费者（占比30.3%），对调饮茶健康价值认知较高的消费者对调饮茶认知的均分为3.82。

在所有受访者中，70.06%的人对调饮茶营养价值的认知较低。在这些消费者中，男女比例分别为40%和60%，年龄集中在20～29岁，占75.1%；学历以大专和本科为主，共占84.6%，61.7%的消费者未婚；大多数消费者是企业员工、自由职业者或是学生，三者合计占83.6%，家庭年收入集中在5万～15万元，占比78.5%，消费者对调饮茶认知的均分为2.81，显著低于对调饮茶营养价值认知较高的消费者（占比29.94%），对调饮茶营养价值认知较高的消费者对调饮茶认知均分为3.726，对调饮茶健康价值认知得分为3.796。

上述结果表明，对调饮茶认知度越高的消费者也越了解调饮茶的健康价值和营养价值，而消费者个体特征对其认知调饮茶健康与营养价值的水平几乎没有影响。

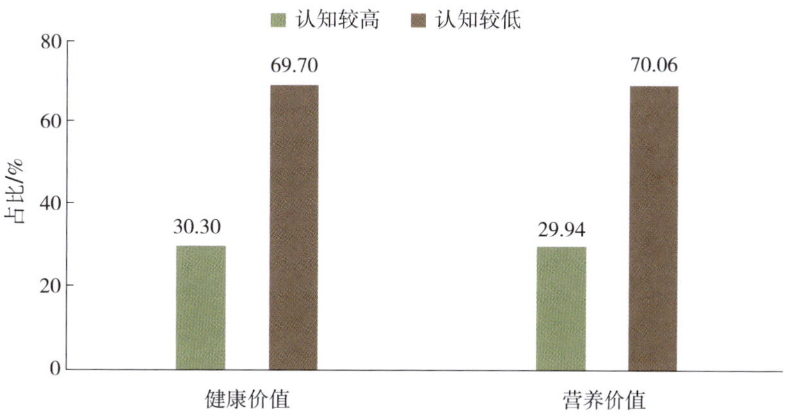

图7-6　消费者对调饮茶健康价值和营养价值的认知情况

（三）对调饮茶中维生素、矿物质及氨基酸等营养物质的认知度不高

在调饮茶所含的营养物质方面，消费者对维生素、矿物质和氨基酸的认知程度均比较低，其中对维生素的认知程度略高于矿物质和氨基酸。在2525名受访者中，对调饮茶中的

维生素、矿物质、氨基酸等营养物质非常了解和比较了解的消费者占比分别为26.39%、20.53%和20.67%。根据5点李克特量表（Likert scale）评分方式可得出消费者对调饮茶产品中各种维生素、各种矿物质、各种氨基酸认知均值分别为2.86、2.66、2.62（图7-7）。与消费者对调饮茶健康价值和营养价值的了解程度相比，消费者对调饮茶中具体营养成分的了解程度明显降低，尤其是对调饮茶产品中各种矿物质和氨基酸的了解程度更低。这可能是因为相较维生素而言，矿物质和氨基酸在日常饮食中不太常见，消费者对此不熟悉，对其了解程度也就相对较低。研究进一步发现，男性消费者对调饮茶所含的维生素、矿物质以及氨基酸等营养物质的认知度高于女性消费者。

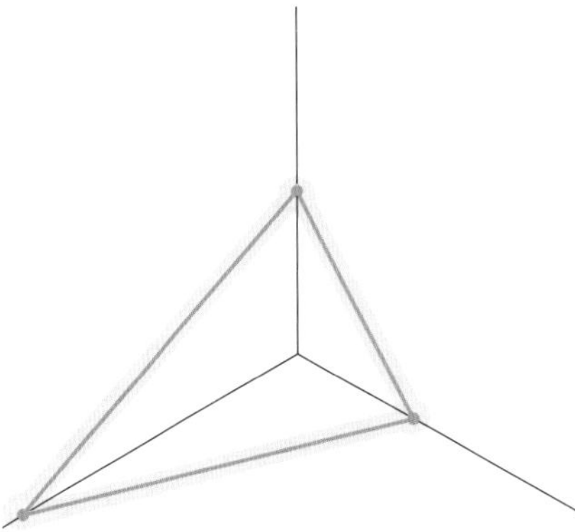

图7-7　消费者对调饮茶中各营养物质的认知情况

五、消费者对调饮茶调配技术的认知

（一）消费者对调饮茶调配技术的认知较低

如图7-8所示，消费者对调饮茶调配技术的整体认知度较低。具体来看，2525名受访者中仅有68人（2.69%）对调饮茶调配技术非常了解，437人（17.31%）比较了解调饮茶调配技术，721人（28.55%）一般了解，888人（35.17%）对调饮茶调配技术不太了解，411人（16.28%）完全不了解调饮茶调配技术。通过5点李克特量表（Likert scale）评分方式测量消费者对调饮茶调配技术的认知发现，2525名受访者的平均得分为2.55分，显著低于消费者对调饮茶、调饮茶健康价值和营养价值的认知度。原因可能是调饮茶调配技术复杂且专业化程度较高，普通消费者难以获得了解调饮茶调配技术的途径和专业知识，因而认知度非常低。

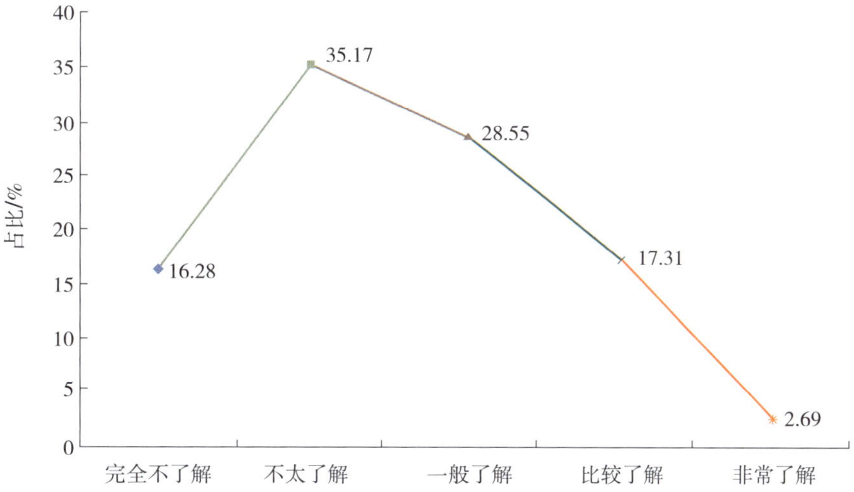

图7-8　消费者对调饮茶调配技术的了解程度

（二）男性消费者对调饮茶调配技术认知高于女性消费者

本研究的调查结果表明，仅有20%的消费者比较了解或非常了解调饮茶调配技术，消费者对调饮茶认知度也非常高，均分为3.904。另有80%的消费者对调饮茶调配技术完全不了解、不太了解或一般了解，此类消费者中，女性占61%，消费者对调饮茶认知度也较低，均分为2.88（图7-9）。由此可见，与女性消费者相比，男性消费者对调饮茶调配技术的了解程度相对较高。并且，在对调饮茶调配技术了解程度相对较高的男性群体中，越了解调饮茶调配技术的人对调饮茶产品的认知度越高。这与人们通常的认知相吻合，男性消费者更有兴趣了解与技术相关的程序，对调饮茶认知度越高的消费者越可能接触和了解调饮茶的调配技术。

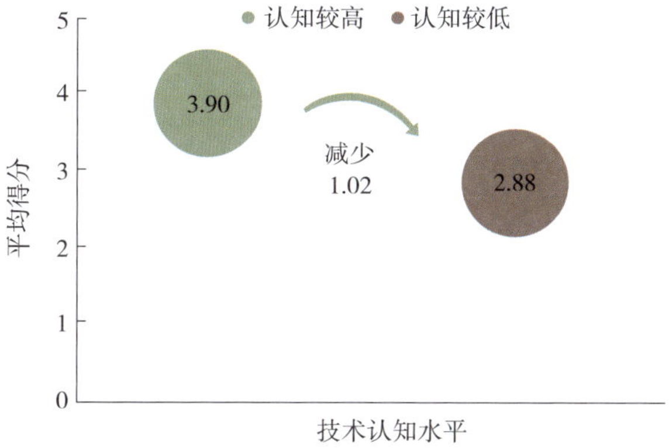

图7-9　对调饮茶调配技术认知较高和认知较低的消费者平均得分

本章小结

综上，本章主要研究消费者对调饮茶产品的认知、了解调饮茶的渠道、对调饮茶产品健康价值、营养价值、各种营养成分的了解程度以及对调饮茶调配技术的认知情况，结果如下。

1. 消费者对调饮茶认知水平较低

消费者对调饮茶的认知水平均分为3.08分，对调饮茶认知较高的消费者占比不足40%，说明大部分消费者对调饮茶并没有形成较全面的认知。同时，男性对调饮茶的了解程度明显低于女性，因此，企业应加强对调饮茶的宣传，让消费者更多的了解和接触调饮茶产品。

2. 消费者的信息获取渠道较为单一

消费者主要通过朋友介绍、网络宣传、电视广告等渠道了解调饮茶。通过数据分析发现，通过电商平台消费评价记录了解调饮茶的消费者对调饮茶的认知度最高。因此，企业应重视自身产品的品质，赢得口碑，从而获取在电商平台消费的良好评价记录，提高消费者的认知水平。

3. 消费者对调饮茶调配技术知之甚少

与消费者对调饮茶整体认知情况相比，消费者对调饮茶调配技术的认知程度更低，其中女性的认知水平明显低于男性，应着重加强女性消费者对调饮茶调配技术的认知度。

4. 消费者对调饮茶健康属性的了解较为片面

对消费者而言，调饮茶产品具有健康价值和营养价值，有益于消费者身体健康。但是，消费者对调饮茶产品中含有的具体营养成分的了解程度较低，这表明虽然消费者认为调饮茶产品对身体有益，但不知其究竟在哪些方面有益处。因此，企业应增加调饮茶健康与营养价值的宣传教育，消费者也可以通过媒体宣传深入了解调饮茶产品，科学选择适合自己的调饮茶。

参考文献

[1] BLACKWELL R D, MINIARE P W, ENGEL J F. Consumer Behavior. 9th edition. USA：Harcourt College Publishers. 2001.

[2] TEISL M F, ROE B. The economics of labelling：an overview of issues for health and environmental disclosure[J]. Agricultural and Resource Economics Review, 1998（27）：140–149.

[3] 孔高峰，刘兴梅，潘汉忠．基于消费者认知过程模型的联想品牌架构分析[J]．东方企业文化，2011（12）：70-71.

[4] 王晓辉．基于消费者认知视角的品牌选择行为研究[D]．济南：山东大学，2009.

[5] 薛可．品牌延伸的消费者心理认知机理与建模[J]．市场营销导刊，2005（4）：58-60.

第八章　消费者对调饮茶的态度

本章主要介绍消费者对调饮茶的态度，旨在根据消费者偏好和态度对其进行分类，进而了解消费者对调饮茶的真实需求以及当前市场上调饮茶产品的不足，以期为调饮茶生产和销售企业提供产品创新的建议。第一部分从理论层面分析消费者对调饮茶态度的功能与价值，第二、第三、第四和第五部分则运用本研究对我国五市2525份消费者实证调查的数据展开消费者态度的实证分析。

一、研究与获悉消费者对调饮茶态度的意义

（一）消费者对调饮茶态度的内涵

消费者对调饮茶的态度是指消费者对调饮茶产品的情感反应，即消费者通过对调饮茶产品的了解而产生喜欢或不喜欢的反应或倾向。学术界对态度大致有三种不同的观点。第一种观点认为，态度主要是情感的表现，或反映的是人们的一种好恶观。第二种观点认为，态度是情感和认知的统一。第三种观点则将态度视为由情感、认知和行为构成的综合体。人们对调饮茶的态度不是与生俱来的，而是后天习得的，态度一经形成，具有相对持久和稳定的特点，并逐步成为个体的一部分，使个体在反应模式上表现出一定的规则和习惯性。在这一点上，态度和情绪有较大的区别，后者常常具有情境性，伴随某种情境的消失，情绪也会随之减弱或消失。正因为态度所呈现的持久性、稳定性和一致性，使得改变态度具有较大的难度。每个消费者对调饮茶的态度并不相同，而影响态度的因素主要有三个：第一个是欲望。凡是能够帮助消费者达成目标，或者满足个人欲望的实现，都能让人产生满意的态度。相反，则可能让人产生厌恶的态度；第二个是知识。个体在态度的形成过程中通常会受到自身所拥有知识的影响；第三个是经验。个体的经验与自身态度的形成具有非常重要的联系。研究表明，消费者的很多态度都是由于经验的日积月累而慢慢形成的。

（二）消费者对调饮茶态度的功能

消费者对调饮茶形成某种态度，并将其贮存在记忆中，在面临调饮茶购买决策时，将其从记忆中提取出来，以应付或帮助解决问题。通过上述路径，态度有助于消费者更加有效地适应动态的调饮茶购买环境，使之不必对每一种新的调饮茶产品、新的营销手段都以新的方式做出解释和反应。因此，形成态度能够满足或有助于满足消费者对调饮茶产品的消费需要，即态度本身具有一定的功能。结合卡茨（D. Katz）关于态度的四功能说，消费者对调饮茶态度的功能如下。

1. 适应功能（Adjustment Function）

适应功能又称实利或功利功能。它是指消费者对调饮茶的态度能使人更好地适应环境和趋利避害。人是社会性动物，他人和社会群体对人的生存、发展具有重要的影响。只有形成适宜的态度，才能从某些重要的人物或群体获得赞同和奖赏，并融入该群体。

2. 自我防御功能（Ego Defense Function）

自我防御功能是指形成关于调饮茶的某种态度，能够帮助个体回避或忘却一些不愉快的情境，从而保护个体的现有人格和保持心理健康。

3. 知识或认识功能（Knowledge Function）

知识或认识功能指形成某种调饮茶态度，更有利于消费者对调饮茶的认识和理解。事实上，态度可以作为帮助人们理解调饮茶的一种标准或参照物，有助于人们赋予不断更新变化的调饮茶以新意义。

4. 价值表达功能（Value-Express Function）

价值表达功能指形成某种调饮茶态度，能够向别人表达自己的核心价值观念。在20世纪80年代末、90年代初，调饮茶刚刚在我国兴起的时候，一些年轻人以饮用调饮茶为时尚，而很多中老年人却并不认可这种饮品，由此实际上反映了两代人在接受新事物上的不同价值观念。

（三）消费者对调饮茶态度的信念

消费者对调饮茶的信念是指消费者持有的关于调饮茶的属性及其益处的知识。不同消费者对调饮茶可能拥有不同的信念，而这种信念又会影响消费者的态度。一些消费者可能认为名牌调饮茶的质量比一般调饮茶高出很多，能够提供较高的附加利益；另一些消费者则坚持认为，随着调饮茶产品的成熟，不同企业生产的产品在品质上并不存在太大的差异，名牌产品提供的附加价值并不高。显然，上述不同的信念会导致消费者对名牌调饮茶产品的不同态度。在购买或消费调饮茶的过程中，信念一般涉及三方面的联结关系，由此形成三种类型的信念。这三种信念分别为调饮茶产品-属性信念、属性-利益信念、调饮茶产品-利益信念。

1．调饮茶产品-属性信念

客体是调饮茶产品，属性则是指调饮茶产品所具备或不具备的特性。消费者所具有的关于调饮茶产品拥有某种特定属性的知识即调饮茶产品-属性信念。例如，某种调饮茶含有许多维生素和矿物质等营养物质，就是关于产品具有某种属性的信念。总之，调饮茶产品-属性信念，可以使消费者将某一属性与调饮茶产品联系起来。

2．属性-利益信念

消费者购买调饮茶产品是为了解决某类问题或满足某种需求。因此，消费者追求的产品属性，是那些能够提供利益的属性。实际上，属性-利益信念就是消费者对某种属性能够带来何种后果，提供何种特定利益的认识或认知。比如，含有维生素和矿物质的调饮茶能够平衡体内的内分泌，缓解因为疲劳导致的皮肤问题，具有美容养颜的功效，属性-利益信念使消费者大脑中形成二者之间具有紧密联系的印象。

3．调饮茶产品-利益信念

调饮茶产品-利益信念是指消费者对一种调饮茶产品将导致某种特定利益的认知。比如，消费某种调饮茶与美容养颜之间联系的认知。通过分析消费者的需要和满足这些诉求的产品特点，有助于企业确定合适的产品策略与促销策略。

（四）消费者对调饮茶态度的转变

当消费者被问及是否喜欢或不喜欢一件产品、一项服务、一个零售商、一种直复式销售商，或者是一句广告词时，消费者的态度可能存在差异。态度的另一个性质就是具有相对的一贯性。然而，尽管态度具有一贯性，也并非永久不变，可能在某些环境或因素的作用下发生改变。

消费者对调饮茶的态度是一种习得的倾向，大家普遍同意态度是通过经验习得的，即与购买调饮茶行为相关的态度是作为一种直接经验的结果而形成的，这种直接经验包括调饮茶产品、从他人获得的口头信息、受到大众传媒广告的影响等。虽然调饮茶态度有可能是行为的结果，但其并非行为的同义词。它反映了对调饮茶的一种喜欢或不喜欢的评价。作为通过学习或经验习得的倾向，消费者对调饮茶的态度具有一定的动机性质，即态度可驱使消费者形成一种特殊的调饮茶消费行为，也可能使消费者形成抵制调饮茶的行为。

（五）消费者态度对其购买调饮茶行为的影响

1. 消费者态度影响其购买调饮茶的过程

一般而言，消费者态度对调饮茶购买行为的影响，主要通过以下三个方面体现。

首先，消费者态度将影响其对调饮茶产品、商标的判断与评价。其次，态度影响消费者的学习兴趣与效果。最后，态度通过影响消费者对调饮茶的购买意向，进而影响购买行为。Ajzen和Fishbein（2005）认为，消费者是否对某一对象采取特定的行动，不能根据他对这一对象的态度来预测，因为特定的行动是由采取行动的人的意图所决定的。因此，要预测消费者对调饮茶的购买行为，必须了解消费者的意图，而消费者态度是决定其意图的因素之一。

2. 调饮茶购买行为与态度不一致的原因

消费者态度一般需通过购买意向这一中间变量来影响消费者对调饮茶的购买行为，消费者对调饮茶的态度与行为之间在很多情形下并不一致。造成不一致的原因，除了上述提及的主观规范、意外事件以外，还有很多其他的因素。下面摘要对这些影响因素做简单讨论。

（1）购买动机　即使消费者对调饮茶产品持有积极的态度和好感，但如果缺乏购买动机，则消费者不一定会采取购买行动，从而造成态度与行为之间的不一致。

（2）购买能力　消费者的经济收入不同，其购买力也存在较大差异。例如，消费者可能偏爱某些品牌或是包装很高档的调饮茶，但由于经济能力的限制，只能选择价格低一些的调饮茶品牌，表明其购买能力较弱。

（3）情境因素　如节假日、时间紧张、生病等，均可能导致消费者调饮茶购买态度与购买行为的不一致。例如，当时间比较宽裕时，消费者可以按照自己的偏好和态度选择调饮茶；但当时间非常紧张时，消费者实际选择的调饮茶与他对该产品的态度就不一定有太强的内在联系。

（4）测度上的偏差　调饮茶购买行为与态度之间的不一致，有时可能是由于对调饮茶态度的测量存在偏差。比如，只测量了消费者对调饮茶的态度，而没有测量消费者对同类其他竞争品（如咖啡等）的态度；只测量了家庭中某一成员的态度，而没有测量家庭其他成员的态度；或者不在具体情境中进行态度测度，从而导致对调饮茶态度的测量存在一定的偏差。

（5）态度测量与购买行为之间的延滞　调饮茶态度测量与消费者实际购买行为之间存在一定的时间间隔。在此时间内，调饮茶新产品的出现，竞争品的新促销手段的采用，以及很多其他的因素，都可能引起消费者对调饮茶态度的变化，进而影响其购买意向与行为。时间间隔越长，调饮茶态度与行动之间的偏差或不一致性就会越大。

声音

Petty认为个体从态度的形成到产生相应的行为会经历12个步骤，分别是曝光（exposure）、关注（attention）、兴趣（interest）、理解（comprehension）、获取（acquisition）、屈服（yielding）、记忆（memory）、回顾（retrieval）、决策（decision）、行动（action）、强化（reinforcement）和整合（consolidation）。如右图所示，消费者从曝光到屈服的过程，是其被信息说服的过程，而记忆到整合则体现了消费者态度的形成到行动，并进一步强化已有的行为过程。整个过程充分说明了个体先形成某种态度，然后进行决策，最后形成某种行为的流程。

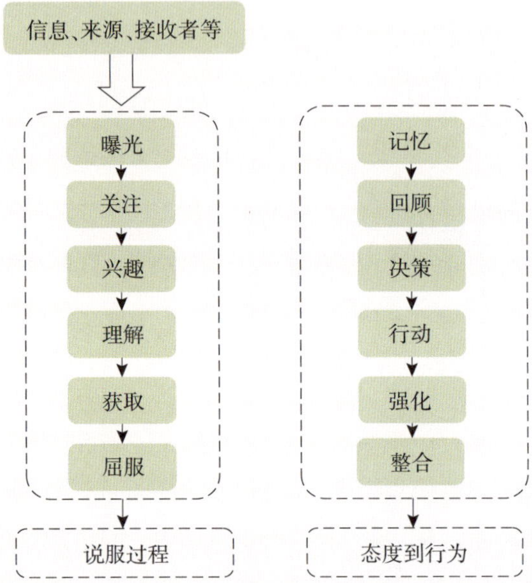

资料来源：PETTY R E, CACIOPPO J T. Motivational factors in consumer response to advertisements[M]//BEATTY W, GEEN R, ARKIN R. Human motivation. New York, USA: Allyn & Bacon，1984：418-454.

二、消费者对调饮茶的偏好

（一）消费者对调饮茶类型与口味的偏好

1．奶茶的偏好度稳居第一

如图8-1所示，消费者偏好的调饮茶类型中，茶与奶调制成的奶茶排第一位，在2525位受访者中，70.38%（1777位）的受访者表示偏好奶茶；消费者对茶与花调制成的花茶、茶与果蔬调制成的果蔬茶的偏好程度分别排第二和第三位，占比分别为52.83%和48.67%，但均比奶茶低20%左右。偏好茶与茶调制成的饮品的消费者占比为38.85%，略低于花茶和果蔬茶。因此，奶与茶、花与茶、果蔬与茶、茶与茶调制成的四类饮品普遍受到消费者的偏好与喜爱。与前四类调饮茶相比，消费者对茶与中药、茶与酒、茶与其他饮料调制的饮品有潜在需求，但偏好度较低，占比分别为18.26%、13.07%、5.35%，均不足20%。可能的原因是这几种类型的调饮茶产品尚属于新品，消费者对其认知度低，而且难以评估和预期其口味和功效，因此消费者选择的比例比较低。

2．男性消费者或将成为新品种调饮茶的潜在对象

调查结果显示，偏好奶茶、花茶、果蔬茶等传统调饮茶的消费者中大多是女性，男性消费者占比仅为37.2%，而偏好茶与中药、茶与酒以及茶与其他饮料调制而成的新品种调饮茶的男性消费者占比提高至46.5%，可能的原因是本次调查的新品种调饮茶主要是茶与中药或酒进行调和，更符合男性消费者的偏好。偏好新品种调饮茶的消费者年龄主要集中在20～29岁，占比75.9%；学历以大专和本科为主，共占85.2%；63.8%的消费者目前未婚；大多是企业员工、自由职业者或是学生，三者合计占比85.4%；家庭年收入主要在5万～15万元。在消费者认知方面，如图8-2所示，偏好新品种调饮茶的消费者中对调饮茶非常了解和比较了解的消费者占比为43.4%，而偏好传统调饮茶的消费者中对调饮茶非常了解和比较了解的消费者占比为39.0%。由此可见，越了解调饮茶的消费者对新品种调饮茶的接受度更高。

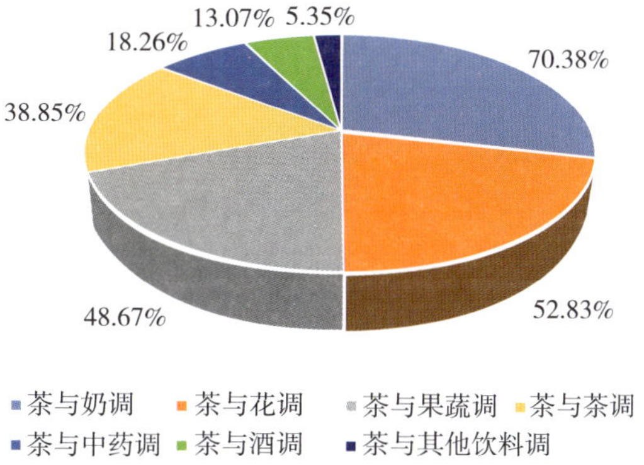

图8-1　消费者对不同口味调饮茶的偏好占比

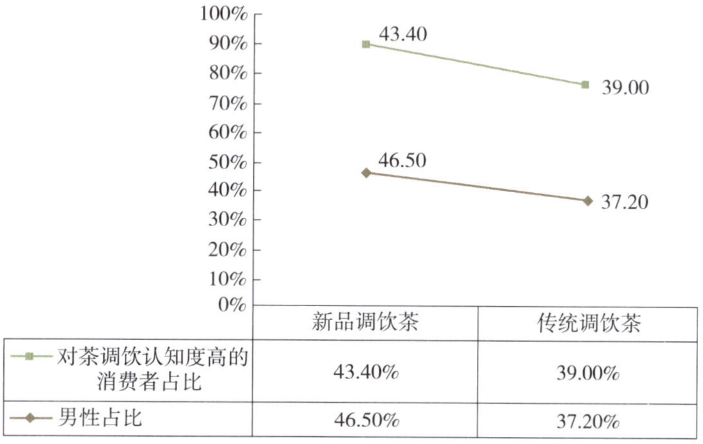

图8-2　偏好新品种调饮茶的消费者性别与对调饮茶认知的情况

（二）消费者对调饮茶饮用方式偏好

1. 现制的新式茶饮备受青睐

在消费者偏好的调饮茶类型中，尽管新式茶饮、工业化瓶装茶饮料、杯状冲泡调饮茶都受到消费者的偏好与喜爱（图8-3）。但是，新式茶饮排第一位，在2525位受访者中，75.68%（1911位）的受访者表示偏好新式茶饮；消费者对工业化瓶装茶饮料、杯状冲泡调饮茶的偏好程度分别排第二和第三位，占比分别为55.13%和37.82%，远低于新式茶饮。此外，在2525名受访者中，145人表示各类调饮茶产品类似，差别不大，因此对它们的偏好也几乎无异。

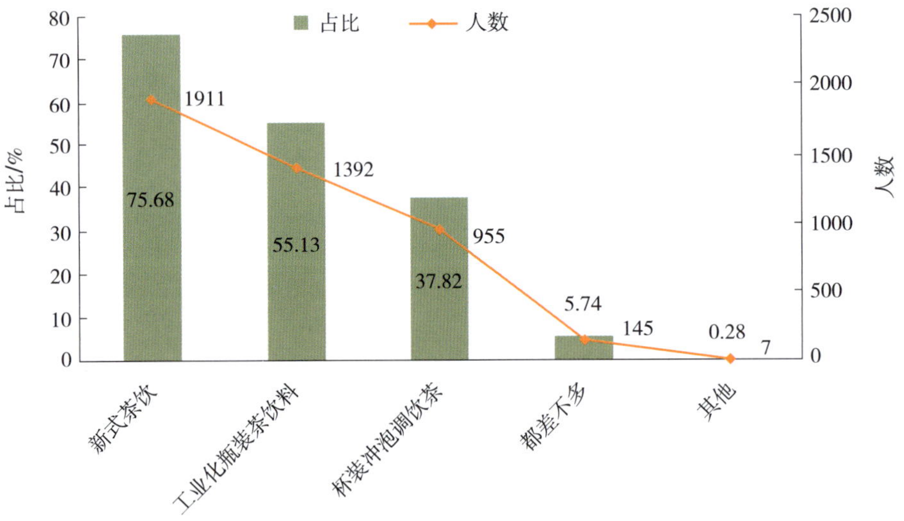

图8-3 消费者偏好的调饮茶包装类型

2. 女性更偏好新式茶饮，认知越高越偏好杯装冲泡调饮茶

进一步分析不同个体特征消费者对不同种类调饮茶的偏好差异发现，偏好工业化瓶装茶饮料以及杯装冲泡调饮茶的男女比例相差不大，而偏好新式茶饮的消费者男女比例差别很大，男性与女性消费者占比分别为38%和62%，这与《美团外卖真香消费报告》的调查结果类似，即消费新式茶饮的女性消费者远高于男性消费者。在对调饮茶的认知方面，偏好新式茶饮的消费者得分最低，为3.09分，偏好工业化瓶装茶饮料的消费者得分为3.13分，偏好杯装冲泡调饮茶的消费者对调饮茶的了解程度最高，得分为3.17分（图8-4）。由此可知，对调饮茶认知度越高的消费者越偏好杯装冲泡调饮茶，可能原因是此类消费者认为瓶装冲泡调饮茶中含有的营养物质更为丰富，因而更倾向于选择此类调饮茶。

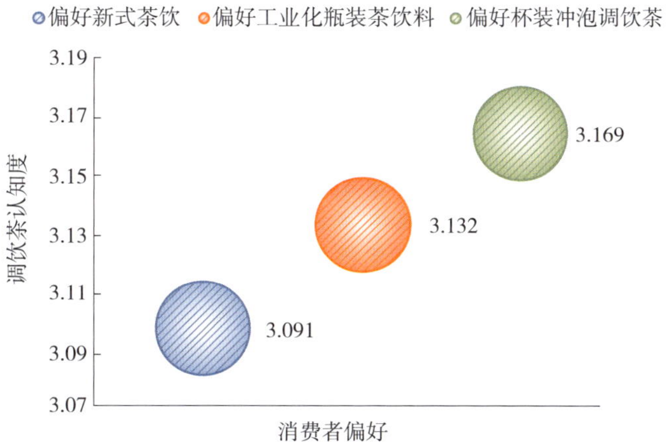

图8-4　不同认知情况消费者对调饮茶方式的选择

三、消费者对调饮茶质量的评价

（一）对调饮茶质量的评价

1. 对调饮茶质量评价良好的消费者占比略超过一半

关于目前市场上销售的调饮茶产品的质量，54.10%的消费者（1366名）认为调饮茶质量较好或非常好，即相信调饮茶的质量有保障，对目前市场上销售的调饮茶质量评价较高（图8–5）。这些消费者中，女性占比60.8%，年龄集中在20～29岁，占比77.2%，学历以大专和本科学历为主，两者合计占84.5%，家庭年收入主要在5万～15万元，占比79.5%。在消费者认知方面，对调饮茶比较了解的消费者占比最大，为41.1%；对调饮茶了解一般的消费者和不太了解的消费者占比分别为26.8%和22.1%，对调饮茶非常了解或完全不了解的消费者比

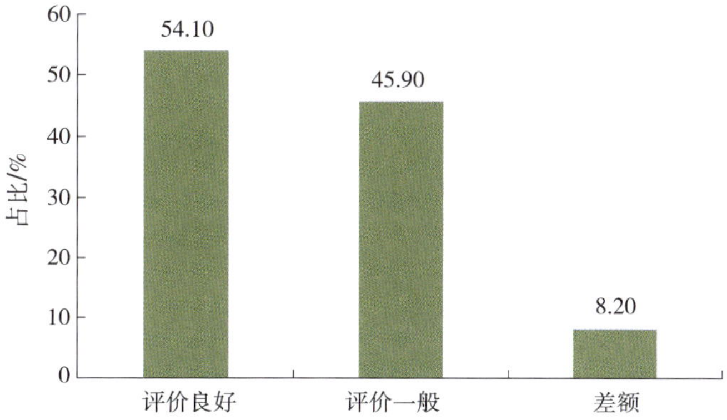

图8-5　消费者对目前市场上销售的调饮茶产品质量的评价

例较小，分别为8.6%和1.5%。通过对消费者认知评分发现消费者平均得分为3.34分。

2．对调饮茶质量评价一般的消费者不低于四成

本次调查结果表明，仍然有不低于四成的消费者（45.90%）认为目前市场上销售的调饮茶产品的质量一般或不好。可见，一方面，目前市场上销售的调饮茶产品的质量仍有待提高；另一方面，调饮茶生产企业有必要采取恰当的措施提高消费者对调饮茶品质的信心。对调饮茶质量评价不高的消费者中，女性消费者占比58.8%，虽然女性占比仍高于男性，但差距相对较小，年龄主要在20～29岁，占比75.8%，学历以大专和本科学历为主，两者合计占83.7%，家庭年收入主要在5万～15万元，占比79%。在消费者认知方面，对调饮茶不太了解的消费者占比最大，为39.2%；对调饮茶了解一般和比较了解的消费者占比分别为33.2%和20.4%；完全不了解或非常了解调饮茶的消费者占比较小，分别为4.2%和2.9%。通过对消费者认知进行评分发现消费者平均得分为2.78分，远低于对调饮茶质量评价良好的消费者。由此可知，除了性别以外，消费者对调饮茶的了解程度显著影响其对调饮茶质量的评价，对调饮茶越了解的消费者对当前产品的质量越满意，不了解调饮茶的消费者对当前产品的质量反而不满意（图8-6）。这可能是因为不了解调饮茶的消费者缺乏有关调饮茶的知识储备，在评价时只能凭借主观猜测，因此不会轻易做出较高的评价。

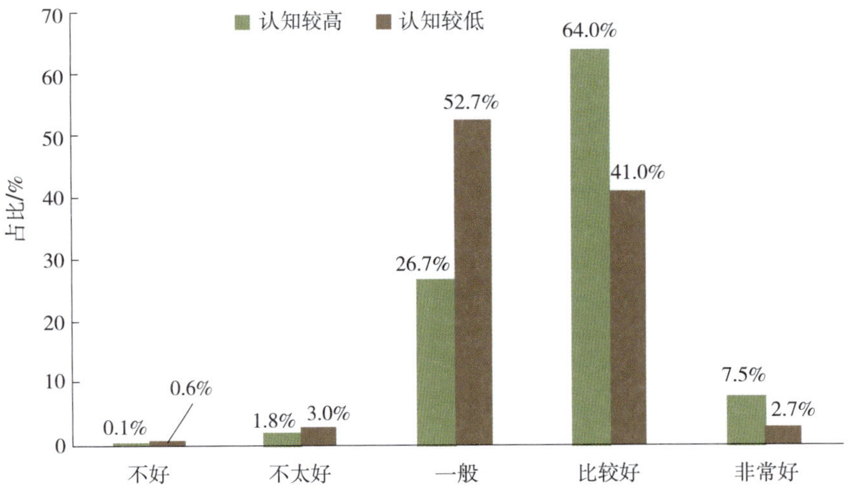

图8-6　不同认知消费者对目前市场上销售的调饮茶产品质量的评价

（二）消费者评价调饮茶质量的主要依据

在通过品尝、产品质量认证或者检验声明、品牌或企业信誉、别人推荐或评价以及广告宣传来评价调饮茶产品质量的依据方面（图8-7），有1324位消费者（52.44%）会通过品尝

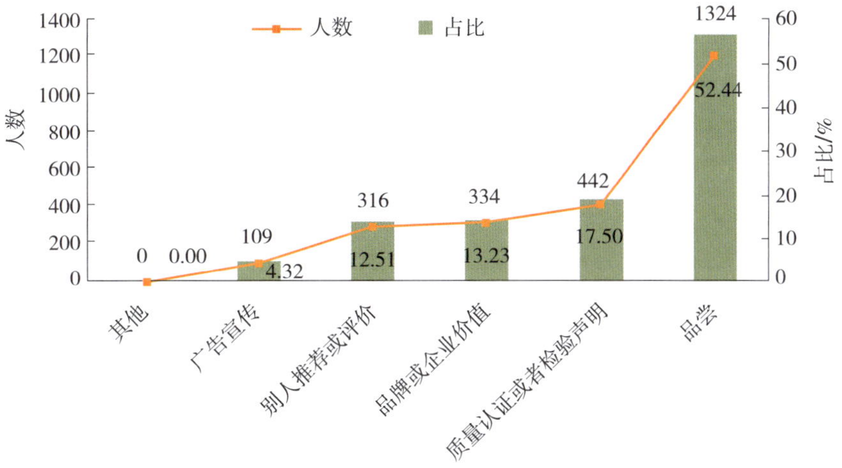

图8-7 消费者评价调饮茶质量的依据

的方式来评价调饮茶的质量，有442位（17.50%）受访者会通过产品质量认证或检验声明来判断质量的好坏，有334位（13.23%）受访者通过品牌或企业信誉来评价产品质量，分别有316位（12.51%）和109位（4.32%）受访者会根据别人推荐或评价以及广告宣传来判断调饮茶质量的好坏。通过产品质量认证或者检验声明、品牌或企业信誉、别人推荐或评价来判断调饮茶产品质量的消费者人数不相上下，但均远低于通过品尝做出判断的消费者人数。由此可知，在产品推广与营销的过程中，企业应当注意通过消费者“品尝”的宣传方式提高消费者对调饮茶产品质量的感知与评价。

四、消费者对调饮茶产品内外属性的态度

（一）调饮茶的内外在属性

调饮茶的内在属性包括调饮茶的口感、营养成分和质量，外在属性包括调饮茶的价格、包装、品牌、宣传以及购买的便利性。通过5点李克特量表（Likert scale）评分方式测量（如“不重要”“不太重要”“一般重要”“比较重要”“非常重要”分别记为1～5分）调饮茶的内在和外在属性对消费者的重要程度发现，对消费者而言，调饮茶各内在属性的重要程度均高于各外在属性的重要程度。具体而言，如图8-8所示，消费者对调饮茶产品内在属性重视程度很高，均值都在4分以上。其中，调饮茶质量对消费者的重要程度得分为4.49分，位居第一，其次是口感（4.44分）和营养成分（4.10分）。消费者对调饮茶外在属性的重视程度相

图8-8 调饮茶各属性对消费者的重要性程度评分

对偏低，仅有购买便利性的重要程度高于4分，为4.03分，其他属性均值都在3.5～4分，排名依次为调饮茶的宣传（3.79分）、价格（3.71分）、包装（3.63分）和品牌（3.56分）。

（二）消费者最重视调饮茶“质量”这一内在属性

在调饮茶内在属性方面，消费者认为调饮茶的质量最为重要，其次是调饮茶的口感及调饮茶所含的营养成分。如图8-9所示，在2525名受访者中，1399人（53.03%）认为调饮茶产品的口感非常重要，989人（39.17%）认为比较重要，165人（6.53%）认为一般重要，28人（1.11%）认为不太重要，4人（0.16%）认为不重要。在调饮茶质量方面，1484名（58.77%）受访者认为调饮茶质量非常重要，832人（32.95%）认为比较重要，179人（7.09%）认为一般重要，29人（1.15%）认为不太重要，1人（0.04%）认为不重要。此外，848名（33.58%）受访者认为调饮茶的营养成分非常重要，1146人（45.39%）认为比较重要，475人（18.81%）认为一般重要，48人（1.9%）认为不太重要，8人（0.32%）认为不重要。通过数据分析发现，消费者对调饮茶产品的了解程度与调饮茶内在属性对其的重要性程度存在正向关系，即越了解调饮茶的消费者认为调饮茶的内在属性越重要。

（三）消费者最重视调饮茶“购买便利性”这一外在属性

在调饮茶外在属性方面，消费者认为购买便利性最重要，其次是宣传、价格、包装、品牌。如图8-10所示，在2525名受访者中，709人（28.08%）表示购买便利性很重要，1277人（50.57%）表示比较重要，461人（18.26%）表示一般重要，71人（2.81%）表示不太重

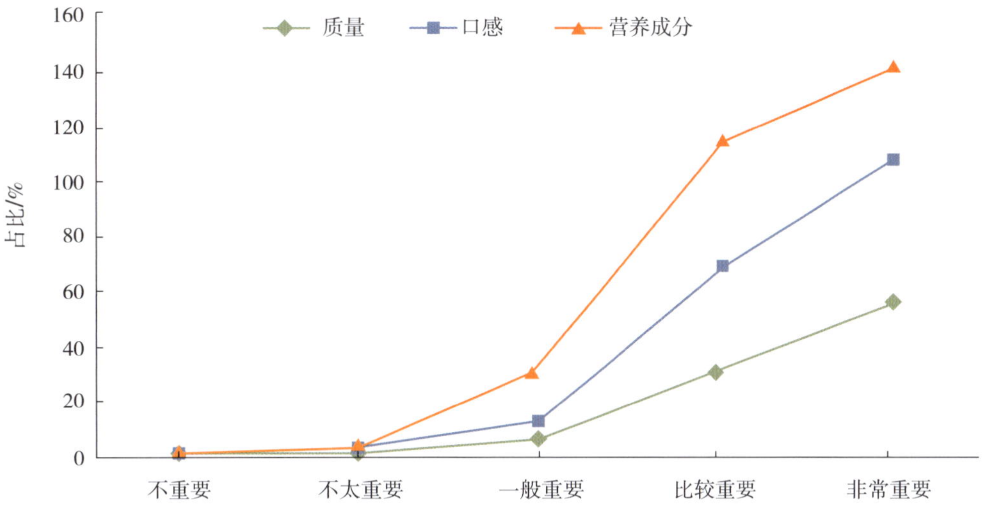

图8-9 调饮茶内在属性对消费者的重要程度

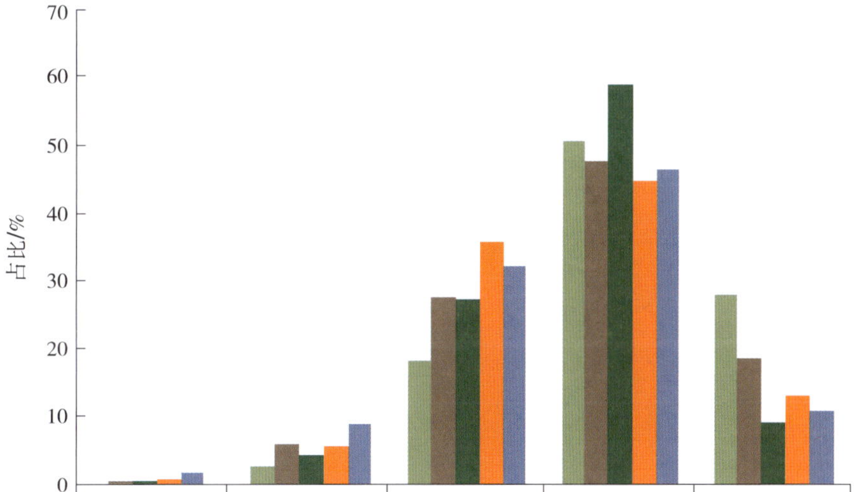

	不重要	不太重要	一般重要	比较重要	非常重要
购买便利性	0.28%	2.81%	18.26%	50.57%	28.08%
宣传	0.44%	5.94%	27.49%	47.49%	18.65%
价格	0.51%	4.51%	27.13%	58.73%	9.11%
包装	0.83%	5.74%	35.64%	44.79%	12.99%
品牌	1.66%	9.03%	32.04%	46.46%	10.81%

图8-10 调饮茶外在属性对消费者的重要程度

要，7人（0.28%）表示不重要。在调饮茶宣传方面，471名（18.65%）受访者认为调饮茶宣传很重要，1199名（47.49%）受访者认为比较重要，694名（27.49%）受访者认为一般重要，150名（5.94%）受访者认为不太重要，11名（0.44%）受访者认为不重要。230人（9.11%）表示价格很重要，1483人（58.73%）表示比较重要，685人（27.13%）表示一般重要，114

人（4.51%）表示不太重要，13人（0.51%）表示不重要。在包装方面，328名（12.99%）受访者认为调饮茶包装很重要，1131名（44.79%）受访者认为比较重要，900名（35.64%）受访者认为一般重要，145名（5.74%）受访者认为不太重要，21名（0.83%）受访者认为不重要。在品牌方面，273名（10.81%）受访者认为调饮茶品牌很重要，1173名（46.46%）受访者认为比较重要，809名（32.04%）受访者认为一般重要，228名（9.03%）受访者认为不太重要，42名（1.66%）受访者认为不重要。研究发现，收入越高的消费者越不在乎调饮茶的价格，价格的重要性程度较低。此外，除调饮茶品牌和价格外，调饮茶其他外部属性对消费者的重要性与消费者对调饮茶的了解程度呈正相关关系，即越重视调饮茶的包装、外观、购买便利性以及调饮茶的宣传的消费者对调饮茶的了解程度越高。

五、消费者对调饮茶市场前景的评价

（一）消费者对调饮茶市场的前景评价

如图8-11所示，在所有受访者中，497人（19.68%）认为调饮茶市场发展前景非常好，1711人（67.76%）认为调饮茶的发展前景较好，296人（11.72%）表示前景一般，仅有21人（0.83%）认为调饮茶市场的发展前景不太好或很不好。由此可见，近90%的消费者看好调饮茶的发展前景，说明调饮茶产品未来将更加融入消费者的生活，潜在市场巨大。

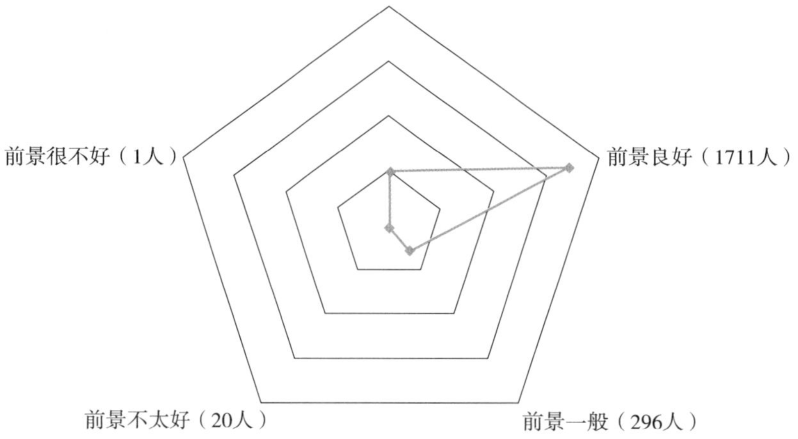

图8-11　消费者对调饮茶的市场发展前景的看法

（二）女性、了解调饮茶的消费者更看好调饮茶的市场前景

认为调饮茶市场前景良好的2208名消费者中，女性占比显著高于男性，为61.6%。比较了解调饮茶的消费者占比最大，为33.2%，消费者对调饮茶了解程度的均分为3.12。与此类消费者相比，认为调饮茶市场前景一般或不好的317名消费者中，男性占比略多于女性，为52.4%。除性别外，两类消费者的年龄、学历、职业和家庭年收入状况的差异并不大。在消费者认知方面，不看好调饮茶市场前景的消费者中，不太了解调饮茶的消费者占比最大，为36.0%。通过对消费者认知进行评分发现，此类消费者对调饮茶了解程度的均分为2.78，明显低于看好调饮茶市场前景的消费者。由此可见，消费者对调饮茶前景的态度与消费者对调饮茶产品的了解程度相关，对调饮茶产品了解越多的消费者对调饮茶的市场前景越加看好。此外，与男性相比，女性消费者对调饮茶的市场前景更加看好。

本章小结

本章从理论层面分析了消费者对调饮茶态度的功能与价值，从实证层面研究了消费者对调饮茶口味与饮用方式的偏好、对调饮茶产品的评价、对调饮茶市场前景的看法以及调饮茶产品不同属性对消费者的重要程度。研究主要发现如下。

就产品的种类而言，女性消费者更偏好奶茶、花茶和果蔬茶等传统调饮茶，而男性消费者更偏好茶与中药相调和茶与酒相调等新品种调饮茶。因此，企业关于此类新品种调饮茶的推广可更关注男性消费群体。超过一半的消费者会通过“品尝”来评价调饮茶产品，因而在产品推广与营销的过程中，企业应当注意通过“让消费者品尝”的宣传方式，提高消费者对调饮茶产品的认知与评价。

在调饮茶产品外在属性（价格、包装、品牌、宣传和购买便利性）和内在属性（口感、营养成分、质量）方面，消费者认为调饮茶的内在属性比外在属性重要。在内在属性中，调饮茶的质量最为重要，其次是口感、营养成分；在外在属性中，购买便利性最为重要，其次是宣传、价格、包装和品牌。这为相关企业的研发和营销方向提供参考，应着重持续提升调饮茶产品的质量和购买的便利性。整体而言，消费者对当前市场上销售的调饮茶产品质量的满意度一般，可见目前市场上销售的调饮茶产品的质量仍有待提高。

近 90% 的消费者看好调饮茶产品的市场前景，认为其有较大的发展空间，这也意味着未来调饮茶会更加深入地融入人们的生活中。消费者越了解调饮茶越看好调饮茶的市场前

景，因而相关企业应把握这一趋势，通过科学的宣传教育努力提升消费者对调饮茶产品及其功能的认知，充分挖掘市场机会。

参考文献

[1] BLACKWELL R D，MINIARE P W, ENGEL J F. Consumer behavior[M]. 9th edition. New York, USA：Harcourt College Publishers, 2001.

[2] AJZEN I, FISHBEIN M. The influence of attitude on behavior[J]. The Psychology of Action, 1996.

[3] 邵兵家，高志欣，师蕾．消费者社交网站购物态度影响因素的实证研究[J]．情报杂志，2010，29（8）：203-207；135.

[4] 周文辉．网络口碑影响消费者品牌态度的机理与对策研究[J]．江苏商论，2011（12）：57-59.

第九章 消费者饮用调饮茶的习惯与购买行为

本章主要通过研究消费者偏好的调饮茶类型来研究消费者的购买行为，同时具体调查了消费者在购买调饮茶产品时考虑的各种因素、在购买时经常遇到的问题以及所需要的参考信息，借此向相关企业提出改进意见，更好地满足消费者对调饮茶产品的需求。

一、研究和获悉消费者对调饮茶购买行为的意义

（一）消费者对调饮茶购买行为的概念

消费者购买行为也称消费者行为。消费者对调饮茶产品的购买行为是消费者围绕调饮茶产品所发生的一切与消费相关的个人行为。包括从需求动机的形成到购买行为的发生直至购后感受评价这一购买或消费过程中所展示的心理活动、生理活动及其他实质活动。一般包括确认需要、搜集资料、评估选择、购买决定、购后消费效果评价5个阶段。

（二）消费者购买行为的经典模式

一些西方学者在深入研究的基础上，揭示了消费者购买行为中的某些共性规律，其中以恩格尔–科拉特–布莱克威尔（Engel–Kollat–Blackwell，EKB）模式和霍华德–谢思（Howard–Sheth）模式最为著名。

1. 恩格尔–科拉特–布莱克威尔模式

EKB模式强调了购买者进行购买决策的过程，如图9–1所示。这一过程始于问题的确定，终于问题的解决。在这个模式里，消费者心理成为“中央控制器”，外部刺激信息（包括产品的物理特性和诸如社会压力等无形因素）输进“中央控制器”；在“控制器”中，输入内容与“插入变量”（态度、经验及个性等）相结合，从而得到“中央控制器”的输出结果，并形成购买决定，由此完成一次购买行为。

具体来说，EKB模式完整描述了消费者的购买行为过程：在外界刺激物、社会压力等有

形及无形因素的作用下，使产品引起消费者的知觉、注意、记忆，形成信息并储存经验，由此构成消费者对产品的初步认知。在动机、个性及生活方式的参与下，消费者对问题的认识逐渐明朗化，并开始寻找符合自己愿望的购买对象，同时受到评价标准、信念、态度及购买意向的影响。消费者经过品牌评价，进入备选方案评价阶段，消费者在选择评价的基础上做出决策，进而实施购买并得到输出结果。最后做出购后评价，得出满意与否的结论，并开始下一次的消费活动。

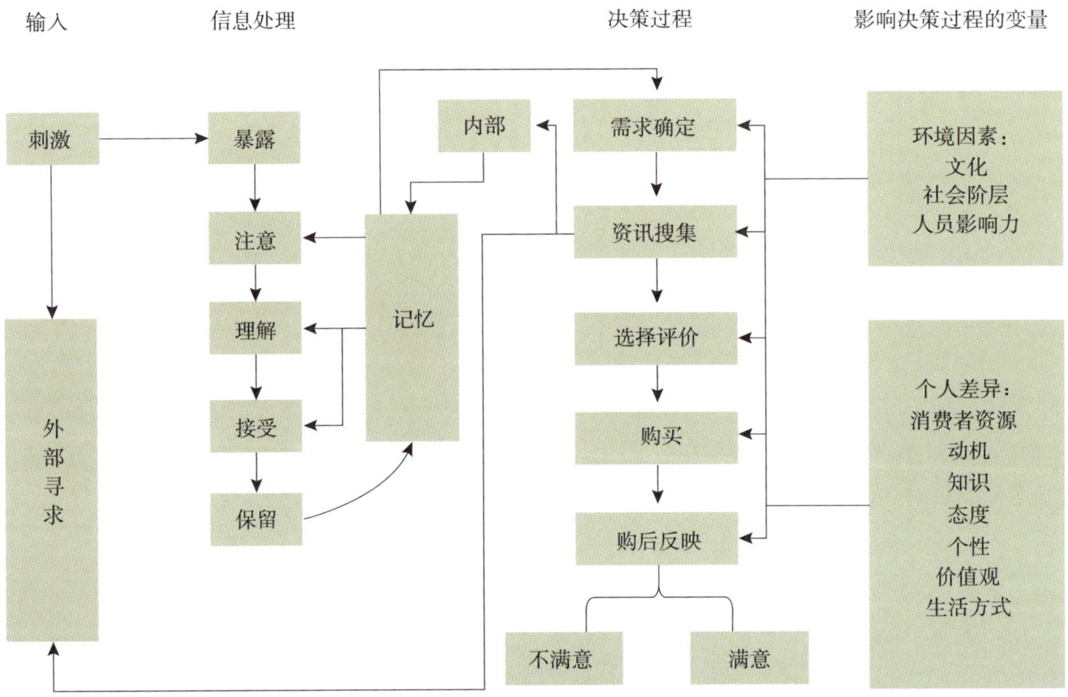

图9-1 EKB模式

2．霍华德-谢思模式

霍华德-谢思（Howard-Sheth）模式来自“刺激-反应”概念，如图9-2所示，整个模式包含三部分：

（1）投入 借助外界的刺激让消费者接收信息，此部分包括三种刺激来源，分别为实体刺激、符号刺激以及社会环境刺激。

（2）知觉与学习建构 此部分主要描述消费者在得到刺激或信息后，如何通过处理在脑中形成的印象，以及消费者本身的动机、信心等因素，从而产生意愿的过程。

（3）产出 消费者在经过前述的刺激、认知和学习等反应后，最后的结果是产生购买行为。因此，产出分为注意、品牌认知、态度、意愿及购买行为。

霍华德–谢思模式认为投入因素是购买的刺激物，它通过唤起和形成动机，提供各种选择方案信息，影响购买者的心理活动（内在因素）。消费者受刺激物和以往购买经验的影响，开始接受信息并产生各种动机，对可选择产品产生一系列反应，形成一系列购买决策的中介因素，如选择评价标准、意向等，在动机、购买方案和中介因素的相互作用下，便产生某种倾向和态度。这种倾向或者态度又与其他因素，如购买行为的限制因素结合后，便产生购买结果。购买结果形成的感受信息也会反馈给消费者，影响消费者的心理和下一次的购买行为。

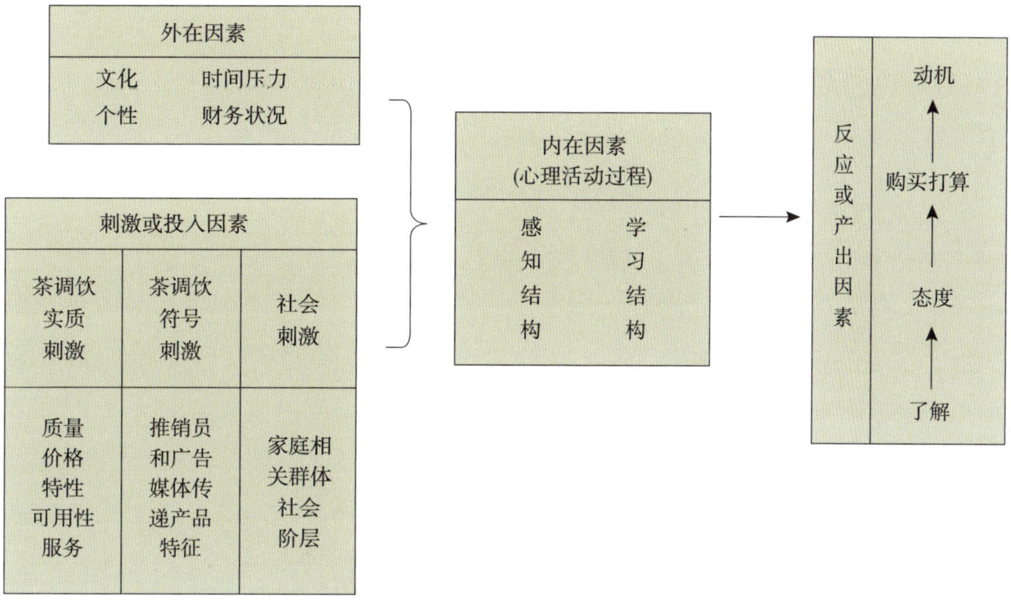

图9–2　Howard–Sheth模式

（三）消费者购买调饮茶的决策模式

在研究消费者购买行为经典模式的基础上，本研究确定消费者的调饮茶购买决策模式（过程）通常要经过5个环节，包括确认需要、信息搜集、评估和选择、购买行为和购后评价，但并不是每一次购买决策都会经历这完整的5个环节。在其中任何一个环节，消费者都可能决定不购买或放弃该产品，那么决策过程也就停在该环节。因此，消费者的调饮茶购买决策过程复杂而多变，其最终决策会被每一个环节所影响。消费者的调饮茶购买决策过程如图9–3所示。

1．确认需要和信息搜集

确认需要是指消费者能够明确自己的需求，即需要购买什么类型或具有什么功能的调饮

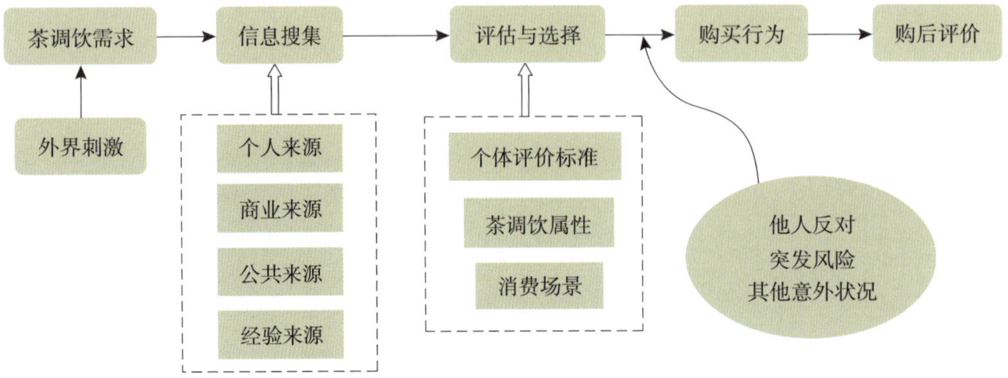

图9-3 消费者购买调饮茶的决策模式

茶产品。这种需要是购买活动的起点，该需要可能是由内在的生理活动引起的，也可能是受到外界的某种刺激引起的。如果唤起的需要很强烈，且满足需要的商品不易马上获得，消费者会开始收集相关产品的信息。这些信息的来源主要有四个方面：第一方面为个人来源，包括消费者本身的记忆、家庭、亲友、邻居、同事等；第二方面为商业来源，如广告、推销员、分销商等；第三方面为公共来源，如大众传播媒体、消费者组织等；第四方面为经验来源，如操作、实验和使用产品的经验等。但在上述来源中，记忆是消费者获取信息最初和最主要的来源，经验是消费者获取信息最直接和可信赖的来源。

2. 评估与选择

消费者在完成第一步和第二步后，在购买之前，还会对备选方案进行评价。不同的消费者在购买前的评价也是不同的，这主要取决于每个人的评价标准。标准因人而异，受消费者个体特征、调饮茶的产品属性或消费情景等的影响。每个个体会根据自己的评价标准对调饮茶的产品属性或特征进行考量。但评价标准因素主要包括价格、品牌、质量等。消费者对备选方案做出评价后，会根据不同的评价规则做出最后的购买决定，不同的规则会产生不同的选择结果。

3. 购买行为

消费者完成购买决策过程的前三步，并不意味着消费者必然选择该调饮茶产品，此时的消费者虽然对产品有了一定的认知程度，也做出了评价和选择，但是在购买决策过程中，依然会受到其他不可预测情况的影响，比如他人的反对态度、突发风险和其他的意外状况等，这些因素都会阻碍购买行为的最终完成。

4. 购后评价

购后评价行为指的是消费者已经产生最终购买行为之后，对购买决策中一系列过程的满意程度。不管消费者满意与否，消费者在购买调饮茶后都会有购后评价行为的产生。消费者对调饮茶的满意程度取决于对该产品的预期水平和使用后的实际感受两者之间的比较。如果预期水平较高，但实际使用感差，那么消费者会感到不满或抵触。而当实际使用感高于预期水平时，消费者就会对此产品满意，并产生信赖和忠诚，进而促使消费者重复购买和主动推荐该产品，最终形成品牌忠诚。

（四）研究消费者对调饮茶购买行为的现实意义

1．消费者行为是企业制定营销策略的基础

从营销角度看，市场机会就是未被满足的消费者需求。要了解消费者哪些需求没有满足或没有完全满足，通常涉及对市场条件和市场趋势的分析。比如，通过分析消费者的生活方式或收入水平的变化，可以揭示其新的需要和欲望未被满足。在此基础上，相关企业可以针对性地开发出新的调饮茶产品。

细分调饮茶市场是制定大多数营销策略的基础，其实质是将调饮茶整体市场分为若干子市场，每一子市场的消费者具有相同或相似的需求或行为特点，不同子市场的消费者在需求和行为上存在较大的差异。企业细分市场的目的是为了找到适合企业进入的目标市场，并根据目标市场的需求特点，制定有针对性的营销方案，使目标市场中消费者的独特需要得到更充分的满足。市场可以按照人口、个性和生活方式进行细分，也可以按照消费者的行为特点，如按照微量使用者、中量使用者或大量使用者进行细分。

2．为消费者权益保护和有关消费政策制定提供依据

随着经济的发展和各种损害消费者权益的商业行为不断增多，消费者权益保护正成为全社会关注的话题。消费者作为社会的一员，拥有自由选择产品与服务，获得安全的产品、正确的信息等一系列权利。消费者的权利，是构成市场经济的基础。政府有责任和义务禁止欺诈、垄断、不守信用等损害消费者权益的行为发生，也有责任通过宣传、教育等手段提高消费者自我保护的意识和能力。

政府应当制定什么样的法律、采取何种手段保护消费者权益、政府法律和保护措施在实施过程中能否达到预期的目的，很大程度上依赖于消费者行为研究所提供的信息。例如，在保护消费者权益的过程中，很多国家规定，食品供应商应在产品标签上披露其成分和营养方面的数据，以便消费者做出更明智的选择。这类规定是否真正达到了目的，首先取决于消费者在选择时是否依赖这类信息。

声音

范志国（天津理工大学副教授）：消费者行为与企业营销策略之间是互相影响的。一方面，消费者行为影响企业的营销策略。在科技发展日新月异的新经济时代，产品的推出速度令人目不暇接，商品供应丰富，形成了供大于求的买方市场，商品的销售日益困难，企业之间的竞争加剧，合理地制定营销策略就成为企业增加市场份额的关键。在制定营销策略之前，需要弄清楚消费者对竞争品牌有何感受，哪些消费者购买这些品牌、原因何在，消费者在什么情况下购买和使用这些竞争产品等问题。通过消费者行为的研究和分析，可以更加了解谁是目标消费者，可以生产出消费者想要的东西，可以使用目标媒介和新媒介，可以更多地接近消费者等。总之，对消费者的了解越多(包括对消费者进行分析的理论、方法)，制定出成功营销策略的机会就越大。另一方面，营销策略也影响着消费者行为。营销策略是一个设计影响消费者行为以取得组织目标的计划，其目的就是影响消费者。消费者行为分析是形成市场营销策略的基础，消费者对整体产品的反应，决定这些策略的成败。一般来说，营销策略主要是为提高消费者购买的可能性和频率。从另一个方面来讲，企业市场营销因素是环境因素的一部分，自然也影响着消费者的心理过程、个性和外在行为等方面。通常先天的气质、个性等难以改变，需求、欲望等则容易改变；后天的信仰、价值观等难以改变，而态度、习惯等则容易改变。营销策略正是在市场调研的基础上，通过制定和实施针对选定目标市场的营销组合，从而达到影响消费者行为的目的。

资料来源：范志国，高军．基于消费者行为的企业营销策略研究[J]．沈阳建筑大学学报：社会科学版，2009，11（4）：445-448.

二、消费者饮用调饮茶的习惯

（一）超过80%的受访者每周喝调饮茶

如图9-4所示，在2525名受访者中，每周喝1～2次调饮茶的消费者人数最多，共1582人，占比62.65%；534名（21.15%）受访者表示每天都会喝调饮茶产品；每个月喝1～2次调饮茶或者很少喝调饮茶的受访者比较少，分别有321名（12.71%）和88名（3.49%）。由此可见，超过80%的消费者每周都会饮用调饮茶，表明调饮茶已渐渐成为大多数消费者生活中不可或缺的饮品。但是消费者对调饮茶及其功能与价值的整体认知水平较低，因此相关企业加强关于调饮茶健康营养价值的宣传，能够进一步扩大调饮茶的市场容量。

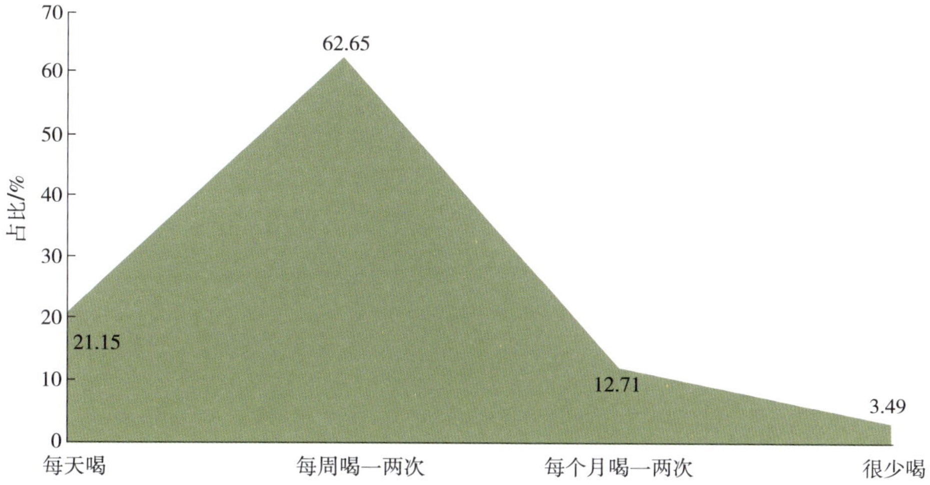

图9-4　消费者饮用调饮茶的频率

（二）认知越高的消费者调饮茶饮用频率越高

通过分析发现，男性消费者中，23.9%的人每天都会喝调饮茶，60.6%的人每周喝1～2次调饮茶，11.7%的人每个月喝1～2次调饮茶，仅有3.8%的人极少饮用调饮茶。女性消费者饮用调饮茶的频率与男性消费者大致相同，64.1%的人每周喝1～2次调饮茶，每天喝、每个月喝1～2次以及极少喝调饮茶的女性消费者比例分别为19.3%、13.4%和3.2%。

学历较低（大专以下）的消费者中，17.6%的人每天都会喝调饮茶，62.3%的人每周喝1～2次调饮茶，14.5%的人每个月喝1～2次调饮茶，5.6%的人极少饮用调饮茶。学历较高（大专及以上）的人群中，21.7%的人每天都会喝调饮茶，此外，分别有62.7%、12.5%和3.1%的人表示会每周喝1～2次、每个月喝1～2次、极少喝调饮茶产品。

已婚的消费者中，每天喝、每周喝1～2次、每月喝1～2次以及极少喝调饮茶的消费者占比分别为19.7%、62.0%、13.5%以及4.8%。未婚的消费者中，每天喝、每周喝1～2次、每月喝1～2次以及极少喝调饮茶的消费者占比分别为22.0%、63.0%、12.3%以及2.7%。

公务员及事业单位职员中，分别有17.4%、67.0%、13.3%和2.3%的消费者表示会每天喝、每周喝1～2次、每个月喝1～2次、极少喝调饮茶；分别有21.9%、63.1%、12.4%以及2.6%的企业员工表示会每天喝、每周喝1～2次、每个月喝1～2次、极少喝调饮茶；在自由从业者中，每天喝、每周喝1～2次、每个月喝1～2次、极少喝调饮茶的人占比分别为23.1%、59.3%、11.6%和6.0%；分别有20.7%、63.5%、13.5%以及2.3%的学生表示会每天喝、每周喝1～2次、每个月喝1～2次、极少喝调饮茶。

收入不超过15万元的消费者中，20.8%的人每天都会喝调饮茶，63.0%的人每周喝1～2

次调饮茶，12.8%的人每个月喝1～2次调饮茶，仅3.4%的人表示极少饮用调饮茶。收入超过15万元的消费者中，23.3%的人每天都会喝调饮茶，60.8%的人每周会喝1～2次调饮茶，12.2%的人每个月会喝1～2次调饮茶，仅有3.7%的人表示极少饮用调饮茶。

如图9-5所示，对调饮茶认知较低的消费者中，15.9%的人表示每天都会喝调饮茶，62.9%的人每周喝1～2次调饮茶，16.2%的人每个月喝1～2次调饮茶，5.0%的人极少喝调饮茶。认知较高的消费者中，每天都喝调饮茶的消费者占比为29.9%，远高于认知较低的消费者。此外，分别有62.2%、7.0%的人表示每周喝1～2次、每个月喝1～2次调饮茶，仅0.9%的消费者极少喝调饮茶，比例远低于认知较低的消费者。

分析上述调研数据可以发现，认知越高的消费者饮用调饮茶的频率越高，因为对调饮茶认知越高的消费者，对调饮茶的各种营养和健康功能的认知也越高，因此会经常饮用调饮茶以获取所需的营养物质。除认知外，消费者个体特征对其喝调饮茶频率的影响很小。

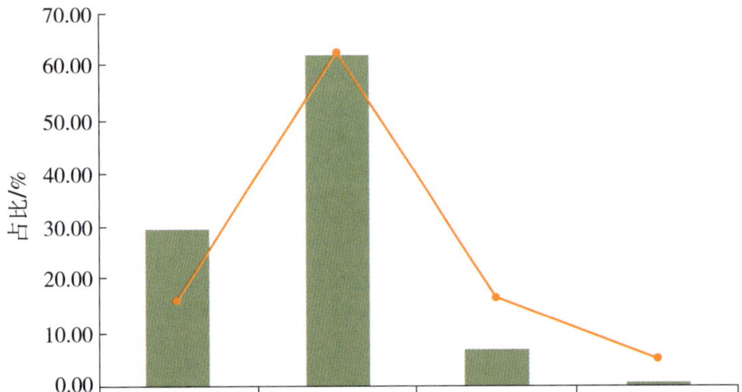

	每天喝	每周喝一两次	每个月喝一两次	极少喝
认知较高者	29.90%	62.20%	7.00%	0.90%
认知较低者	15.90%	62.90%	16.20%	5.00%

图9-5　不同认知的消费者饮用调饮茶的频率

（三）超过90%的消费者不使用专门的器具饮用调饮茶

选择与不同调饮茶相配套的原料、器具和意境，可以提升调饮茶的专业性和艺术性。如图9-6所示，通过调查发现，94.61%（2389位）的受访者表示在喝调饮茶时不会使用专门的器具，仅5.39%（136位）受访者称会使用专门的器具，如陶瓷杯、紫砂壶、品茗器等。由此可见，普通消费者非常缺乏饮用调饮茶的专业知识。女性消费者以及对调饮茶认知较高的消费者更倾向于使用专门的器具饮用调饮茶产品。使用专门器具饮用调饮茶的女性消费者比例比男性消费者高35.30%，对调饮茶相关知识认知较高的消费者使用专门器具饮用调饮茶的占比为58.09%，显著高于对调饮茶认知较低的消费者（41.61%），这可能是因为对调饮茶认知越高的消费者越注重挑选调饮茶的原料以及相配套的器具。

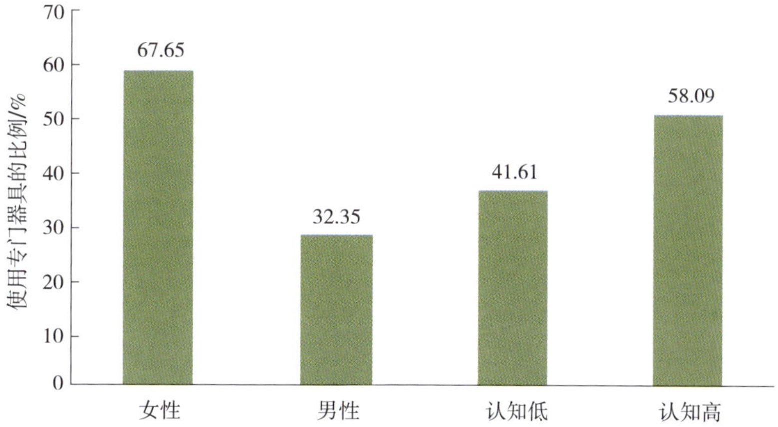

图9-6 不同性别和认知的消费者饮用调饮茶时使用专门器具的情况

（四）茶饮店成为消费者饮用调饮茶的主要场合

如图9-7所示，在消费者经常饮用调饮茶的场合中，茶饮店排名第一，被选择频次占比为67.64%；茶馆、家里、单位/学校的被选择频次占比分别为46.26%、44.67%和40.48%，比茶饮店低20%以上，可见茶饮店是消费饮用调饮茶最主要的场合。经常在咖啡店或其他地点饮用调饮茶的消费者更少，被选择频次占比分别为28.32%和0.4%。这不难理解，茶饮店是专门制作和销售调饮茶的场所，不仅可选择品种多，口味丰富，而且现场制作，即调即饮，因而更受消费者青睐。

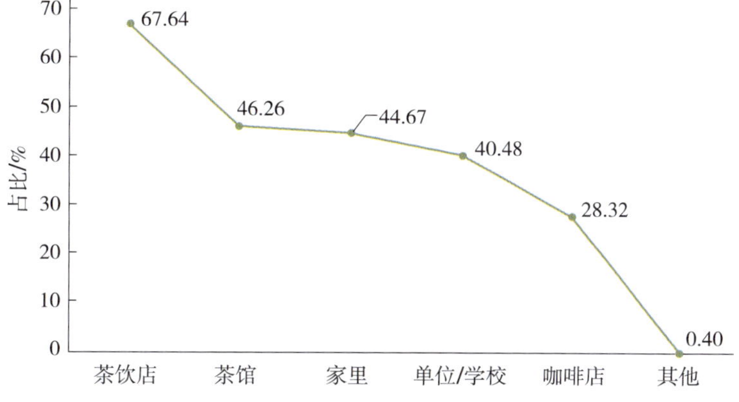

图9-7 调饮茶饮用场合的被选择频次

三、消费者购买调饮茶的场所与价格

（一）认知更高的消费者倾向于在商场专柜购买调饮茶

在消费者购买调饮茶的地点方面，在茶饮店购买调饮茶产品的消费者最多，被选择频次占比为74.65%，其次是在超市、商场专柜、电商平台、小卖部购买调饮茶，被选择频次占比分别为46.42%、36.67%、32.67%、21.23%。如图9-8所示，进一步分析发现，在商场专柜购买调饮茶的消费者认知最高，均分为3.228分，在电商平台以及茶饮店购买调饮茶的消费者认知平均得分分别为3.134分和3.121分，位居第二位和第三位；在超市和小卖部购买调饮茶的消费者认知均分为3.112分和3.023分。

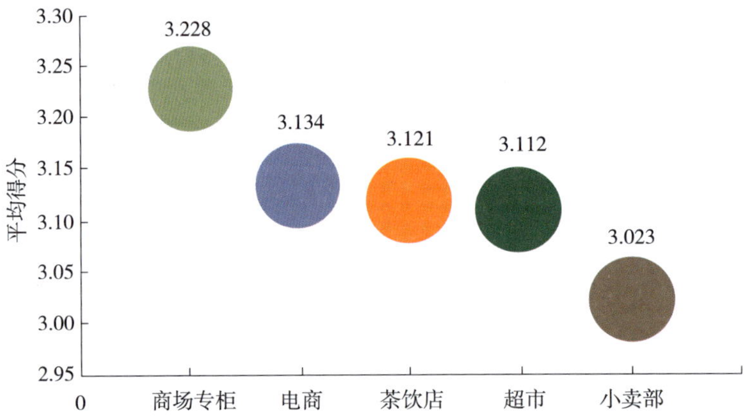

图9-8 在不同地点购买调饮茶的消费者的认知情况

（二）四成左右的消费者倾向于购买价格在11～20元区间的调饮茶

如图9-9所示，在调饮茶价格方面，选择11～20元调饮茶的消费者居多，有1087人（43.05%），其次是购买6～10元调饮茶的消费者，共777人（30.77%）；购买21～30元和30元以上调饮茶的消费者人数较少，分别为366人（14.5%）和213人（8.44%）。购买5元以下调饮茶的消费者人数最少，仅82人（3.25%）。由此可见，11～20元的价格比较符合多数消费者对调饮茶价格的期望。可能的原因是，大多数消费者经常饮用新式茶饮，而目前市场上最受欢迎的新式茶饮店（如Coco、一点点等茶饮连锁店）所销售的产品基本介于11～20元，因而此价格区间的调饮茶更受消费者青睐。

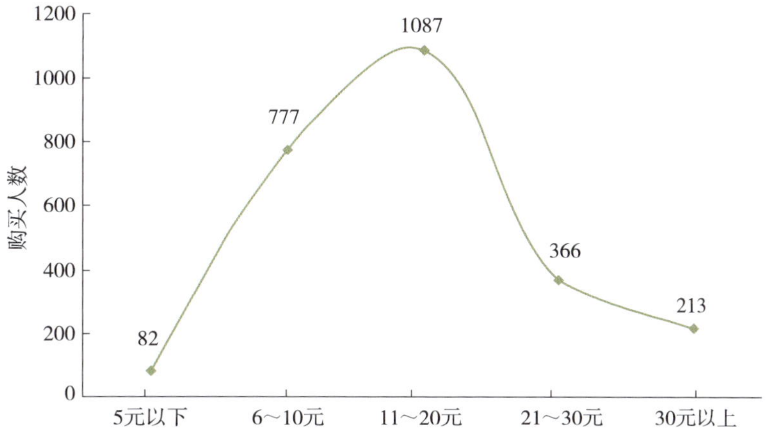

图9-9　购买不同价格区间调饮茶的消费者人数

（三）认知越高、收入越高的消费者购买调饮茶的价格越高

常购买5元以下区间的调饮茶消费者，对调饮茶的认知均分为2.353分。这类消费者的男女比例均为50%；年龄大多在20～29岁，占比84.2%；71.9%的消费者是大专或本科学历，且未婚的消费者居多，占比65.9%；大多数消费者为企业员工、自由职业者和学生，三者合计占比84.1%；74.3%的消费者年收入在5万～15万元，年收入在15万元以上的消费者仅占比11%（图9–10）。

常购买6～20元区间的调饮茶消费者，对调饮茶的认知均分为3.08分。这类消费者的男女比例分别为40.1%和59.9%；年龄大多在20～29岁，占比76.4%；84.9%的消费者是大专或本科学历，63.4%的消费者目前未婚；职业为企业员工、自由职业者和学生居多，合计占比84.2%；80.7%的消费者年收入在5万～15万元，年收入在15万元以上的消费者仅占比11%。

常购买21～30元区间的调饮茶消费者，对调饮茶的认知均分为3.161分。这类消费者的男女比例分别为38.0%和62.0%；年龄在20～29岁的消费者占比78.4%；84.4%的消费者是大专或本科学历，63.1%的消费者目前未婚；职业为企业员工、自由职业者和学生居多，合计占比83.6%；76.2%的消费者年收入在 5万～15万元，年收入在15万元以上的消费者占比20.5%。

常购买30元以上区间的调饮茶消费者，对调饮茶的认知均分为3.238分。这类消费者的男女比例分别为40.8%和59.2%；年龄在20～29岁的消费者占比71.4%；81.2%的消费者是大专或本科学历，61.5%的消费者目前未婚；职业为企业员工、自由职业者和学生居多，合计占比77.9%；74.2%的消费者年收入在5万～15万元，年收入在15万元以上的消费者占比20.6%。

通过上述分析发现，家庭年收入和调饮茶认知对消费者购买调饮茶的价格存在显著影响。家庭年收入越高、对调饮茶认知水平越高的消费者，购买调饮茶的价格也越高。消费者通常认为调饮茶价格越高说明产品质量越好，收入越高的家庭在购买调饮茶时会更加注重更高层次的需求，比如调饮茶的营养健康价值、品牌、包装等，因此会购买价格比较高的调饮茶。价格越高的调饮茶的功能价值可能相对更高，对调饮茶认知较高的消费者熟知不同调饮茶的功能，因此购买高价格调饮茶也在情理之中。

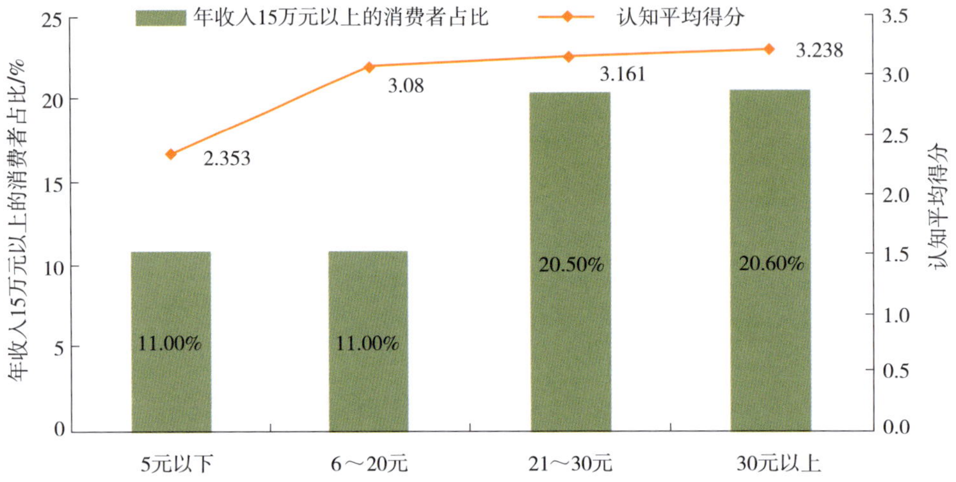

图9-10 选择不同价格区间的消费者的家庭年收入与认知情况

四、消费者购买调饮茶的品牌选择

（一）农夫山泉-茶π在萃取调饮茶中最受欢迎

如图9-11所示，在消费者经常购买的调饮茶品牌中，农夫山泉-茶π排名第一。在2525名受访者中，53.11%（1341位）偏好农夫山泉-茶π，可见该公司对调饮茶的开发与推广宣传比较成功，值得同行借鉴；消费者对康师傅、维他Vita的偏好程度分别排第二和第三，占比分别为44.71%和41.03%，几乎不相上下，但均比农夫山泉-茶π低10%左右。偏好王老吉、加多宝、统一的消费者占比分别为38.26%、35.76%、32.48%，低于康师傅和维他Vita；此外，偏好伊藤园（ITOEN）和同仁堂的消费者占比分别为17.39%和17.27%，显著低于前几种品牌。这可能是因为伊藤园（ITOEN）在中国市场的营销和推广力度较弱，品牌并未被大众所知。同时，同仁堂是从事中药行业的企业，消费者对其产品的认知更多地定位于医药产品，它推出的同仁堂凉茶未被大众熟悉，因此消费者对该品牌的偏好较低。

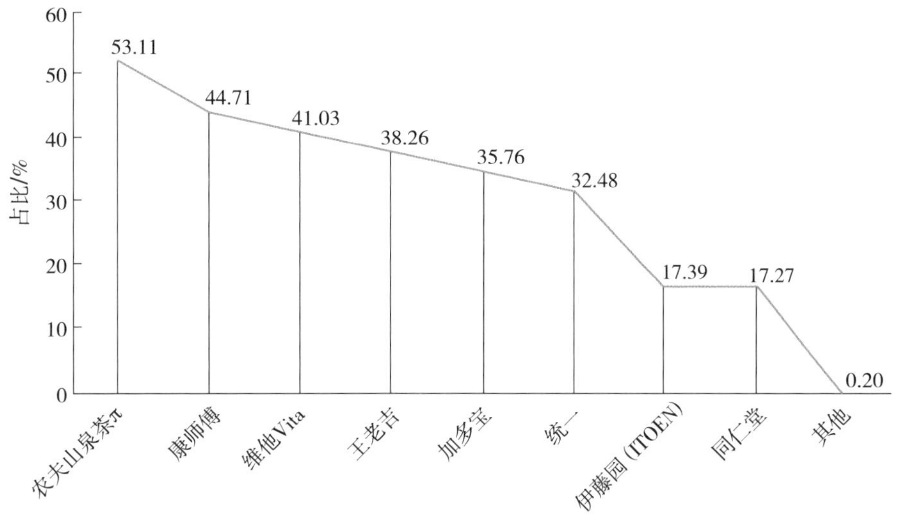

图9-11　消费者对调饮茶品牌的选择情况

（二）Coco茶饮品牌在新式茶饮中最受欢迎

如图9-12所示，在Coco、喜茶、一点点、奈雪的茶、恋暖的初茶、茶桂坊以及茶颜悦色等消费者熟知的新式茶饮品牌中，有1527位（60.48%）消费者表示倾向于购买Coco饮品。此外，消费者对喜茶和一点点这两个品牌的偏好程度位居第二位和第三位，占比分别为40.83%和40.04%，几乎不相上下，但均比Coco茶饮品牌低20%左右；偏好奈雪的茶、恋暖的初茶、茶桂坊以及茶颜悦色这几个品牌的消费者占比分别为32.67%、23.8%、21.9%和13.15%，远低于排名前三的新式茶饮品牌。值得注意的是，奈雪的茶平均单价达到30.7元，

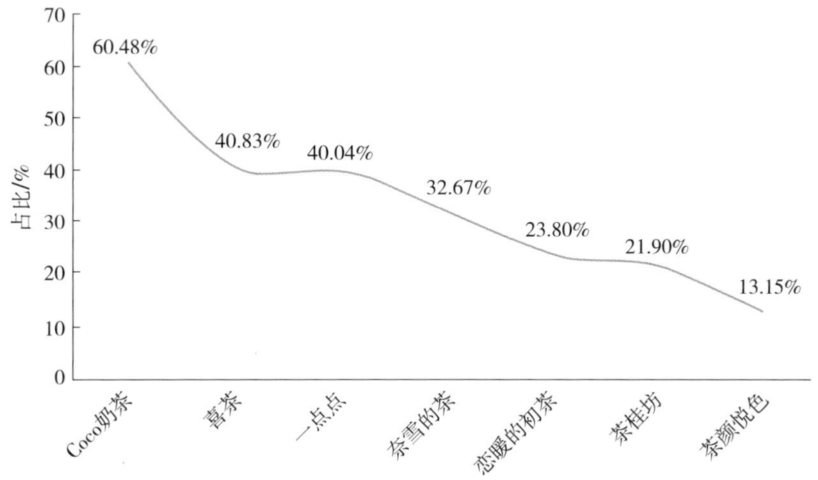

图9-12　消费者对新式茶饮品牌的偏好情况

是奶茶中的“贵族”，比喜茶的平均单价高9元，比一点点的高13.5元，价格太高也是其客流量相对较少的原因。同时，喜茶的品牌营销策略远优于奈雪的茶，这也使得喜茶迅速走红，消费人群也越来越多。另外，恋暖的初茶、茶桂坊以及茶颜悦色这几个品牌的产品价格低于喜茶，高于Coco和一点点，然而这几类新式茶饮品牌的知名度远不及Coco、一点点和喜茶，这说明产品价格并不是影响品牌是否受欢迎的决定因素，恋暖的初茶、茶桂坊以及茶颜悦色的品牌宣传不到位，同时也没有打造出口碑极好的单品，这才是其排名靠后的关键因素。

五、消费者饮用调饮茶的目的

（一）消费者饮用调饮茶最主要的目的是提神解渴

调饮茶含有许多营养物质，因而也具有美容护肤、提神解渴等功效。如图9-13所示，通过调查发现，消费者提神解渴、营养美味、休闲待客这3种功能需求稳居前三，在2525名受访者中，分别有61.82%（1561位）、52.4%（1323位）、49.86%（1259位）的受访者表示这是他们饮用调饮茶的主要目的。分别有36.12%（912位）、24.95%（630位）、24.63%（622位）的受访者表示他们饮用调饮茶的主要目的在于其具有排毒助消化、美容护肤、减肥瘦身的功效。此外，还有较少一部分消费者饮用调饮茶的目的在于其预防骨质疏松（8.71%）或有醒酒抗过敏等（3.41%）。

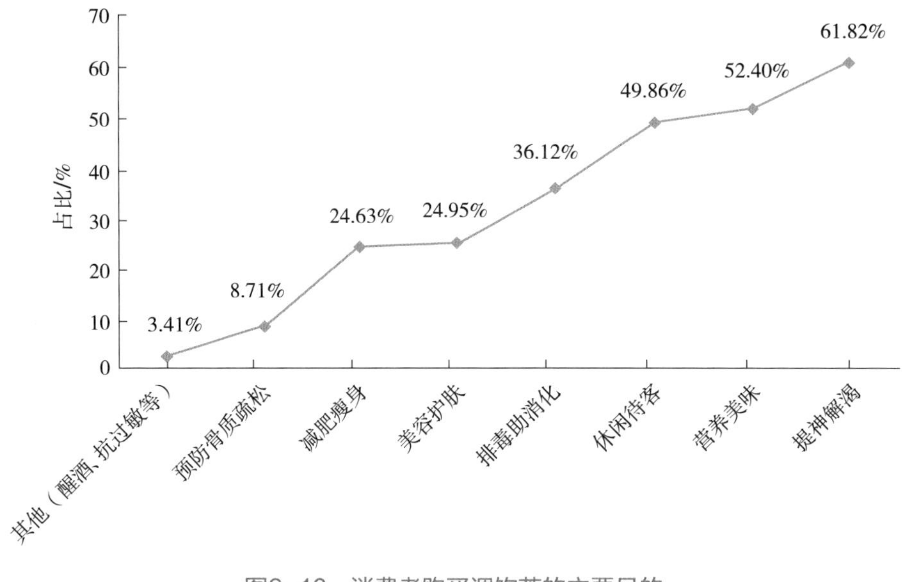

图9-13　消费者购买调饮茶的主要目的

（二）不同消费者饮用调饮茶的目的存在差异

通过分析发现，不论消费者具有什么特征，提神解渴、营养美味、休闲待客都是消费者饮用调饮茶的主要目的，并且提神解渴稳居第一。但是值得一提的是，不同特征的消费者对营养美味和休闲待客这两个目的的排名存在差异。出于休闲待客目的而购买调饮茶的男性消费者（20.84%）略高于以营养美味为主要目的的男性消费者（19.71%）。而女性恰恰相反，出于营养美味而购买调饮茶的女性消费者（20.18%）多于因休闲待客需要而购买调饮茶的女性消费者（17.95%）。这可能是因为女性饮用调饮茶更加关注其营养功能，而男性消费者更注重调饮茶产品的外在功能。

收入较高的消费者中，以休闲待客为目的饮用调饮茶的消费者（20.64%）多于以营养美味为目的饮用调饮茶的消费者（19.34%）。收入较低的消费者则相反，以营养美味为目的饮用调饮茶的消费者（20.12%）多于以休闲待客为目的饮用调饮茶的消费者（18.75%）。这可能是因为收入不同导致调饮茶产品在两类消费者中所处的层次不同，收入较低的人可能把调饮茶产品看成是获取营养的途径，而收入较高的消费者将其视为休闲饮品。

此外，与男性相比，女性消费者更多是出于美容护肤和减肥瘦身的目的而饮用调饮茶，这可能是因为女性消费者更加注重自身形象和身材管理，而调饮茶既能满足该需求，同时又营养健康。

六、消费者购买调饮茶考虑的属性和所需的信息

（一）消费者购买调饮茶时优先考虑口感和质量安全属性

消费者购买调饮茶时考虑的因素可分为内在因素和外在因素，内在因素包括调饮茶的口感、功效、营养以及质量安全，外在因素包括调饮茶的品牌、包装、广告以及价格。总体而言，消费者在购买调饮茶时考虑的内在因素远远高于外在因素。数据表明（图9-14），在内在因素方面，分别有39.64%（1001位）和31.21%（788位）的消费者表示口感和质量是他们在购买调饮茶产品时最先考虑的因素，分别排第一位和第二位；购买时最先考虑调饮茶产品营养和功效的消费者占比分别为7.37%和6.65%，均显著低于口感和质量安全。在外在因素方面，表示在购买调饮茶时会最先考虑价格的消费者人数占6.65%。此外，分别有4.87%、2.5%以及1.11%的消费者表示调饮茶的品牌、包装和广告是他们购买调饮茶时最先考虑的因

素。近年来，我国食品安全事件频繁爆发，因此消费者购买调饮茶产品时首要考虑质量安全因素。口感是否符合消费者的偏好是影响消费者再次购买该产品的重要因素。因此，相关生产企业应注重提高产品的口感，保证产品的质量和安全。并且，营销内容和策略应侧重宣传产品的口感和安全性，进而吸引消费者，提升产品的市场占有率。

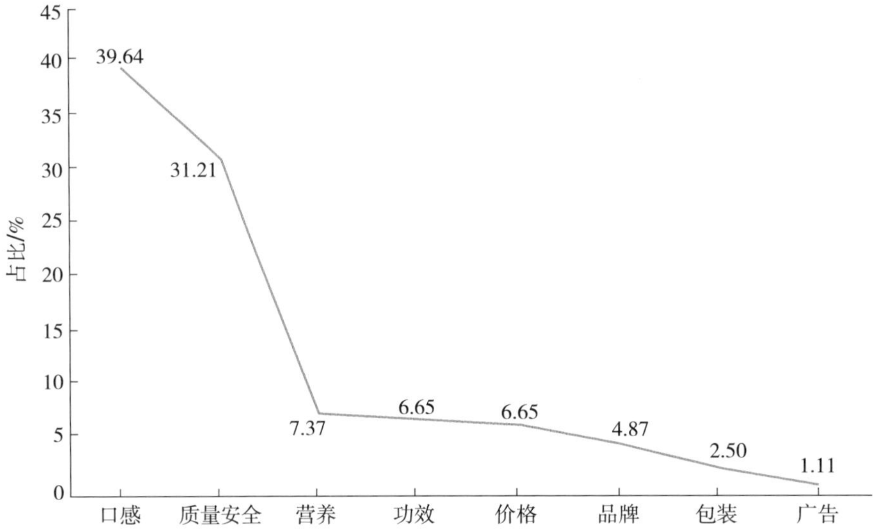

图9-14 消费者在购买调饮茶时考虑的主要因素

（二）购买调饮茶时遇到的主要问题

通过之前的分析可以看出，消费者对调饮茶的整体认知水平较低，因此消费者在购买调饮茶产品时或多或少会遇到一些问题。通过调查发现（图9-15），在2525名受访者中，高达92.83%的受访者表示在购买调饮茶产品时曾遇到问题，其中分别有1067位（42.26%）和1054位（41.74%）的受访者购买调饮茶时遇到性价比不易判别、质量不易识别的问题，分别位居第一和第二。因为调饮茶的包装通常会显示产地、商标、营养标签等信息，但无法通过调饮茶的外观和包装得知产品性价比及安全性，容易造成消费者的购买困境。因此，政府应不断完善调饮茶产品的质量标准，监督相关企业实施质量认证体系，同时在产品包装上加贴相应的认证标识，进而增强消费者对调饮茶产品性价比和质量的认知。同时，企业应通过媒体或推销员向消费者讲解各类调饮茶的主要功能，帮助消费者进行比较，选择适合的产品。此外，购买时遇到调饮茶携带存储不方便、不了解调饮茶功效、不了解产品文化内涵等问题的消费者占比分别为32.71%、28.95%和28.44%，几乎不相上下。购买时遇到包装没有特色、购买不便、不了解饮用方法等问题的消费者占比分别为20.32%、16.36%、14.69%。

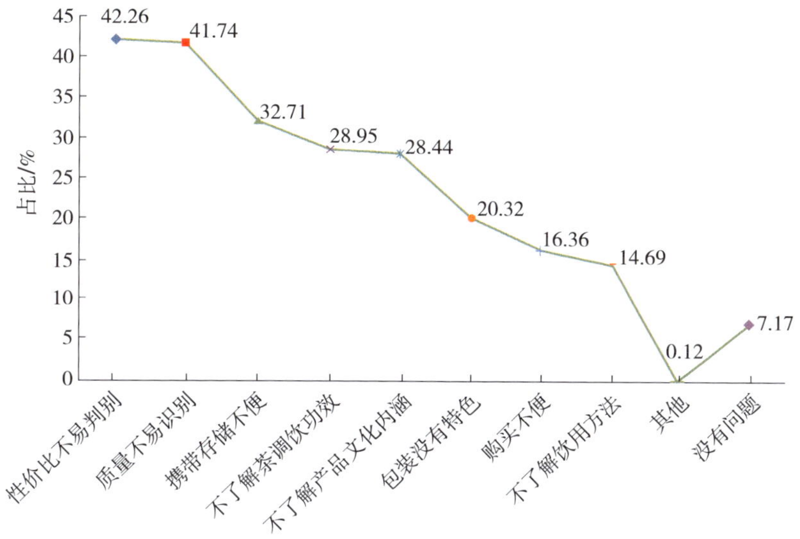

图9-15　消费者在购买调饮茶时遇到的主要问题

（三）购买调饮茶时所参考的信息

通过上述分析可以看出，绝大多数消费者在购买调饮茶时不知如何选择，因此消费者希望在购买时能有相关的参考信息。如图9-16所示，1819位（72.04%）消费者表示希望获取调饮茶产品的质量安全信息，1726位（68.36%）消费者表示希望获取营养健康信息，1086位（43.01%）受访者表示希望获取调饮茶的功能信息，848位（33.58%）受访者表示希望获取有关调配技术的参考信息。此外，还有20位（0.79%）消费者表示希望获取其他方面的信息。由此可见，质量安全信息和营养健康信息是消费者购买调饮茶时最希望获取的参考信息。因此，如果调饮茶产品包装上含有质量安全信息营养物质信息和功效信息，将更受消费者青睐。

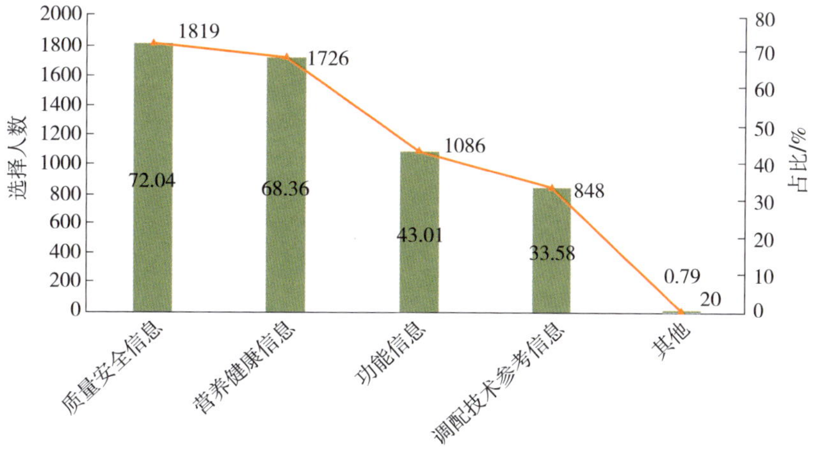

图9-16　消费者在购买调饮茶时所需的参考信息

本章小结

本章通过研究消费者的饮用习惯、购买习惯、购买调饮茶的目的以及在购买时考虑的主要因素、购买过程中遇到的主要问题、所需的参考信息发现：

超过80%的消费者每周都会购买调饮茶，且认知越高的消费者饮用调饮茶的频率越高。超过90%的消费者在饮用调饮茶时并未使用专门的器具，使用专门器具的消费者对调饮茶的认知水平整体较高，这可能是因为对调饮茶认知越高的消费者越注重饮用调饮茶的专业性。消费者通常选择在茶饮店、茶馆以及家中饮用调饮茶。

七成以上的消费者习惯在茶饮店购买调饮茶。70%以上的消费者通常购买价格在6～20元区间的调饮茶。调查发现，收入越高、认知越高的消费者购买调饮茶的价格越高。在工业化瓶装调饮茶品牌中，农夫山泉－茶π最受消费者青睐。在消费者喜欢的新式茶饮品牌中，Coco品牌排名第一。

在购买调饮茶时最先考虑调饮茶内在因素的消费者远多于考虑外在因素的消费者，并且最先考虑口感和安全性的消费者占比最高。性价比不易识别、质量不易判别、不方便携带等是消费者购买调饮茶过程中经常遇到的问题，消费者希望在购买调饮茶时，相关企业能够提供关于质量安全、营养健康等方面的信息。因此，企业在生产相关产品时，应在产品包装上清楚地标明关于产品质量安全、营养健康以及功能等方面的信息，以供消费者参考。

参考文献

[1] BRUNER G C. Ⅱ. The effect of problem- recognition style on information seeking [J]. Journal of the Academy of Marketing Science，1987（15）：33-41.

[2] SHARON E B, SCOTT M S. External search effort：an investigation across several product categories [J]. Journal of Consumer Research, 1987（14）：83-95.

第十章　影响消费者购买调饮茶的主要因素

本章主要通过二元Logistic、Interval Censored回归分析研究消费者对调饮茶购买行为的影响因素，旨在根据这些因素为相关企业提供生产和宣传的依据，促进调饮茶产品市场健康、可持续发展。

一、影响消费者购买调饮茶因素的理论分析

（一）社会因素对消费者购买调饮茶的影响

1. 社会文化因素对调饮茶购买行为的影响

社会文化因素对消费者有深远影响，因为文化是人类在长期生活实践中建立起来的价值信念、道德观念以及其他行为准则和生活习俗，能够左右人类的需求与消费行为。就调饮茶而言，文化差异会影响消费者是否购买调饮茶、购买调饮茶的种类等。例如，东南亚的马来西亚、新加坡等国家受汉文化影响较深，习惯冲泡清饮乌龙茶、普洱茶和花茶；港澳地区则沿袭闽越饮茶习惯，以普洱茶、水仙、花茶为主；泰国、缅甸和云南地区相似，习惯吃“腌茶”，将生茶腌制成酸味制品，吃时拌入食盐、生姜、花生之类，干嚼佐餐；南亚的印度、巴基斯坦、孟加拉国、斯里兰卡等国家喜饮甜味红茶或甜味红奶茶。各个国家受文化影响具有不同的饮茶习惯，进而会产生不同的购买行为，表现出不同的特定消费模式。

2. 社会相关群体对调饮茶购买行为的影响

相关群体是指对消费者的态度和购买行为具有直接或间接影响的组织、团体和人群等。消费者作为社会的一员，在日常生活中经常与家庭、学校、工作单位、左邻右舍、社会团体等产生各种各样的联系。中国人的大部分理念受家庭影响而形成，因而家庭成员对消费者购买行为的影响最为强烈，如果消费者家庭中有习惯饮用调饮茶的成员，则可能会激发该消费者对调饮茶的购买。此外，亲戚、朋友、同学、同事、邻居等也是影响消费者购买行为的重要相关群体。上述相关群体与消费者经常接触，关系较为密切，交流的时间和频次较高。因

此，消费者在购买调饮茶时，往往会受到这些群体对调饮茶产品评价的影响，有时甚至是决定性的影响。

（二）调饮茶对消费者购买行为的影响

1．内在因素

（1）营养和健康物质　许多消费者在购买调饮茶时会注重其所含的营养成分，其中，茶饮中含有的多种矿物质、氨基酸等营养物质在日常生活中可能较难摄入，而这些成分又是人体所必要的，因此会增加消费者对调饮茶的购买需求。同时，调饮茶中含有许多有益健康的物质，具有一定的保健功能，例如，茶中含有的咖啡碱能兴奋中枢神经，帮助人们振奋精神、增进思维、消除疲劳、提高工作效率。同时，咖啡碱具有强心、解痉、松弛平滑肌的功效，能解除支气管痉挛，促进血液循环，是治疗支气管哮喘、心肌梗死、止咳化痰的良好辅助药物。茶叶中的茶多酚和维生素C都有活血化瘀，防止动脉硬化的作用，茶多酚和鞣酸有消炎杀菌的作用，可治疗肠道疾病、咽喉肿痛等。上述保健功能也成为消费者购买调饮茶的重要影响因素，尤其是亚健康人群。

（2）口感　调饮茶的口感是部分消费者购买调饮茶的重要标准，尤其是对调饮茶颇有研究的消费者，此类消费者在注重调饮茶营养健康价值的同时，对调饮茶的口感也有一定的要求。

2．外在因素

（1）包装　调饮茶产品的包装是影响消费者购买的关键因素，尤其是产品包装上的营养标签和健康声明。部分消费者倾向于认为带有营养或健康声明的调饮茶更健康，尤其是偶尔购买调饮茶产品的消费者。

（2）品牌形象　很多学者研究发现品牌形象会对消费者购买行为产生显著的影响。Aaker等（2015）通过构建模型进行实证分析发现良好的品牌形象不仅会提高消费者的品牌忠诚度，还能增强消费者对产品的信赖程度，从而强化购买意愿。Richardson等（1996）通过研究发现，品牌在一定程度上能体现产品的品质，因此消费者对产品的品质评判会受到品牌形象的影响。品牌形象越好，消费者对产品的品质评价也越高，最终提高消费者的购买意愿。因此，调饮茶的品牌也会对消费者的购买行为产生影响。

（3）宣传　宣传会激发调饮茶的效用。消费者购买调饮茶的目的是满足某种需求，因此消费者激发作用的产生受到“需求激动”的影响，当厂商对调饮茶效用的宣传不足以引起消费者注意时，消费者就不会选择该调饮茶。

（三）消费者个体特征对其购买调饮茶行为的影响

1. 性别

性别会影响消费者购买调饮茶的行为，女性比男性更有可能购买调饮茶。因为女性往往是家庭食品的主要购买者，与男性相比，女性对食品安全和健康问题更加关注和了解。同时，本研究第六章的数据表明，年轻女性已成为茶饮店的主要消费群体，分享调饮茶已成为她们社交的流行方式。

2. 年龄

年龄是影响消费者购买调饮茶的一个重要因素，消费者对调饮茶的需求会随着年龄的增长而变化，首先，年长的消费者对调饮茶健康功能的需求越高，而很多调饮茶具有降低血压、血糖等功效，因此更受到年长的消费者的青睐，此类消费者更加倾向于购买袋装冲泡的调饮茶产品。其次，年轻的消费者群体更倾向于购买新式茶饮，随着茶饮店数量、品牌以及类型的不断增加，消费新式茶饮逐渐成为年轻人休闲娱乐的一种方式。

3. 学历

消费者的受教育程度会对消费者的购买行为产生影响，学历越高的消费者更了解调饮茶的功能属性，因此也更注重调饮茶对身体的益处，更愿意购买有利于身体健康的调饮茶。

4. 收入

消费者的经济状况会制约其消费水平，并决定着消费者的需求层次和购买能力。经济状况较好的消费者会对产品产生较高层次的需求，购买较高档次的商品，享受较高档次的服务。相反，经济状况较差的消费者，通常优先满足衣食住行等基本生活需求。一般而言，调饮茶不属于生活必需品，因此消费者的收入水平决定了其对调饮茶的购买行为。

（四）消费者认知和心理因素对调饮茶购买行为的影响

1. 认知

消费者认知会影响其对调饮茶的购买行为，消费者对产品的认知程度会影响其对消费信息的理解和使用，从而对其购买决策产生影响。Park和Lessig（1981）认为消费者对产品知识自信程度的代表是主观知识，而消费者购买策略会受消费者知觉到产品知识的影响，所以主观认知比客观知识对购买决策的影响更大。消费者行为学认为消费者消费时的心理变化过程主要为认知、感性和理性阶段。认知阶段主要是消费者对于产品及其包装和售后服务等整体形成感知。历经学习、思维、记忆、想象等多样的心理活动，消费者的脑海中会形成记忆，在购买过程中会自动提取、参照和作为决策的依据。消费者的认知过程经历情感过程的沉淀后会形成心理意志而转换为消费需求，从而影响购买行为。

2．心理

消费者个体的心理因素包括性格特性、过去的经验和消息、价值观与态度等。每个人在性格上都有其独特性，所以存在不同的需要、购物动机和反应特质；过去购物的经历或经验，作为一种可以察觉的记忆（意识记忆）或无法察觉的记忆（潜意识记忆），影响着消费者的购买思维及行为方式；消费者独立的态度与价值观，即每个人的概念、信息、习惯及动机的组合，既会因厂商销售宣传的影响而有所改变，也会受实际经验的制约，最终影响消费者的购买行为。此外，消费者对自身健康的担忧可能也会影响其购买调饮茶的行为。

在上述消费者对调饮茶购买行为影响因素理论分析的基础上，构建如图10-1所示的分析框架。

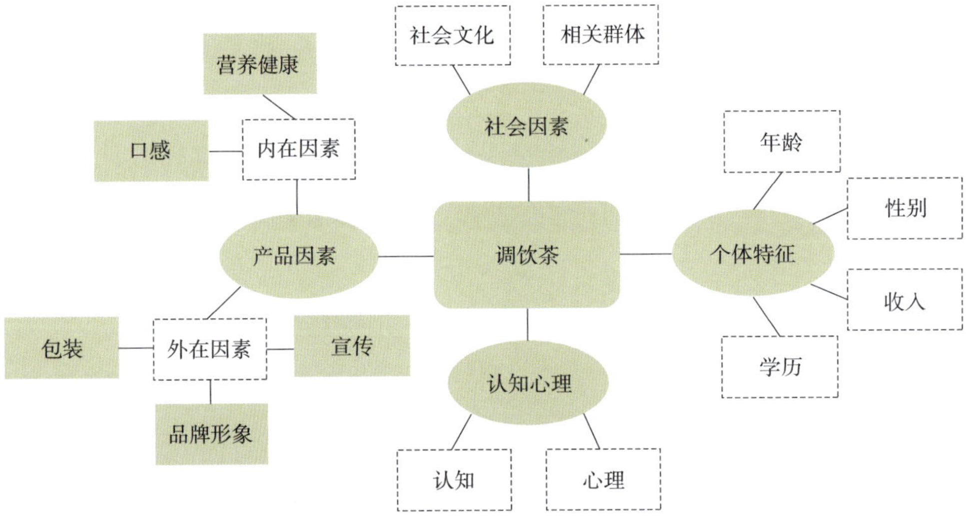

图10-1　消费者购买调饮茶的影响因素

二、影响消费者购买调饮茶类型的Logistic回归分析

（一）变量选择与模型设定

1．变量选择

设定因变量为消费者是否购买新式茶饮产品（Y_1），消费者是否购买杯装冲泡调饮茶产品（Y_2），是否购买工业化瓶装茶饮料（Y_3），进行3次Logistic回归分析，因变量包括两种可

能：是，则$Y_i=1$；否则，$Y_i=0$（$i=1$，2，3）。影响消费者对调饮茶购买意愿的因素为解释变量，包括调饮茶口感的重要程度（*TA*）、包装的重要程度（*PA*）、质量的重要程度（*QU*）、品牌的重要程度（*BR*）、宣传的重要程度（*PU*）、购买便利性的重要程度（*CV*）、对调饮茶的整体认知（*OC*）、对调饮茶调配技术的认知（*TC*）、对健康价值的认知（*HC*）、对矿物质的认知（*MC*）、对氨基酸的认知（*AC*）、对维生素的认知（*VC*）、性别（*GE*）、年龄（*AG*）、学历（*EL*）、收入水平（*IL*）等特征统计变量。各变量的具体说明与统计性描述如表10–1所示。

表 10-1　变量定义和统计

变量	定义和赋值	均值	标准误差
是否每周都喝调饮茶产品（Y）	1=是；0=否	0.84	0.37
是否购买新式茶饮（Y_1）	1=是；0=否	0.76	0.43
是否购买杯装冲泡调饮茶（Y_2）	1=是；0=否	0.38	0.49
是否购买工业化瓶装茶饮料（Y_3）	1=是；0=否	0.55	0.50
口感的重要程度（*TA*）	1=比较重要；0=不太重要	0.92	0.27
包装的重要程度（*PA*）	1=比较重要；0=不太重要	0.58	0.49
质量的重要程度（*QU*）	1=比较重要；0=不太重要	0.92	0.28
品牌的重要程度（*BR*）	1=比较重要；0=不太重要	0.57	0.49
宣传的重要程度（*PU*）	1=比较重要；0=不太重要	0.66	0.47
购买便利性的重要程度（*CV*）	1=比较重要；0=不太重要	0.79	0.41
对调饮茶的整体认知（*OC*）	1=认知较高；0=认知较低	0.38	0.48
对调配技术的认知（*TC*）	1=认知较高；0=认知较低	0.20	0.40
对健康价值的认知（*HC*）	1=认知较高；0=认知较低	0.30	0.46
对各矿物质的认知（*MC*）	1=认知较高；0=认知较低	0.20	0.40
对各氨基酸的认知（*AC*）	1=认知较高；0=认知较低	0.21	0.41
对各维生素的认知（*VC*）	1=认知较高；0=认知较低	0.27	0.44
性别（*GE*）	1=女；0=男	0.60	0.49
年龄（*AG*）	Continuous variable	25.84	4.53
学历（*EL*）	Continuous variable	15.24	1.62
收入水平（*IL*）	Continuous variable	13.15	4.37

2. 模型设定

本文的因变量为消费者购买调饮茶的类型（Y_i），假设Y_i取1的概率为p，则Y_i的函数可以表示为：

$$f(Y_i)=p^{Y_1}(1-p)^{1-Y_1};\ Y_i=0,\ 1;\ i=1,\ 2,\ 3$$

本文采用二元选择Logistic回归模型进行估计，相应的Logistic模型的基本形式如下：

$$P_k=F(\lambda+\sum^{m}\beta_j xkj+v)=1/\{1+\exp[-(\lambda+\sum^{m}\beta_j xkj+v)]\}$$

在该模型中，P_k表示消费者购买新式茶饮、杯装冲泡调饮茶或是工业化瓶装茶饮料的概率，k为消费者编号，m表示影响因素的个数，xkj为消费者对新式茶饮、杯装冲泡调饮茶或工业化瓶装茶饮料产品购买意愿的解释变量，相应的回归系数为β_j，常数项为λ以及随机误差项v。

（二）结果分析

运用SPSS22.0统计软件对所调查的2525份消费者的截面数据进行Logistic回归分析。回归结果如表10–2所示。

表10–2表明，模型整体显著性水平比较高。消费者性别、对调饮茶的整体认知、对调饮茶调配技术的认知、调饮茶的质量以及购买便利性的重要程度在1%水平上显著影响消费者对新式茶饮的购买意愿；消费者年龄、对调饮茶中氨基酸、矿物质的认知以及调饮茶口感的重要程度在5%的水平上显著影响消费者对新式茶饮的购买意愿。调饮茶的品牌和口感的重要程度对消费者购买杯装冲泡调饮茶分别在1%和5%水平上有显著影响。消费者对调饮茶中维生素的认知、调饮茶包装和品牌的重要程度对消费者购买工业化瓶装茶饮料在1%水平上有显著影响；消费者性别、收入、对调饮茶调配技术的认知、调饮茶的宣传以及购买便利性的重要程度在5%水平上显著影响消费者对工业化瓶装茶饮料的购买意愿。对于上述回归分析的结果，可作如下进一步的分析和阐述。

表 10–2 Logistic 模型回归结果

自变量	Y_1		Y_2		Y_3	
	系数	标准误差	系数	标准误差	系数	标准误差
TA	0.375*	0.167	–0.359*	0.158	–0.191	0.160
PA	0.117	0.107	0.069	0.094	–0.266**	0.093
QU	0.569**	0.161	–0.023	0.158	0.052	0.154
BR	–0.375**	0.106	0.250**	0.091	0.261**	0.088
PU	–0.051	0.110	0.187	0.096	0.234*	0.092

续表

自变量	Y_1		Y_2		Y_3	
	系数	标准误差	系数	标准误差	系数	标准误差
CV	0.340**	0.116	−0.080	0.107	0.207*	0.104
OC	0.354**	0.124	−0.077	0.105	−0.122	0.102
TC	−0.478**	0.145	−0.065	0.128	−0.275*	0.128
HC	0.199	0.134	0.169	0.114	0.083	0.113
MC	−0.362*	0.142	0.216	0.126	0.185	0.128
AC	−0.363*	0.145	0.234	0.128	0.003	0.129
VC	0.225	0.134	0.137	0.114	0.308	0.114
GE	0.284**	0.096	−0.015	0.085	−0.174*	0.083
AG	−0.022*	0.011	0.011	0.009	0.003	0.009
EL	−0.014	0.030	0.012	0.027	−0.007	0.026
IL	−0.015	0.011	0.006	0.010	−0.019*	0.009
Constant（常数项）	0.921	0.535	−1.057	0.477	0.340	0.467

注：①模型结果检验：Y_1：−2LL＝2674.784，Cox & Snell R^2＝0.049，Nagelkerke R^2＝0.073；Hosmer和Lemeshow检验：χ^2＝8.162，自由度＝8，显著性＝0.418。

Y_2：−2LL＝3286.490，Cox & Snell R^2＝0.024，Nagelkerke R^2＝0.033；Hosmer和Lemeshow检验：χ^2＝7.120，自由度＝8，显著性＝0.524。

Y_3：−2LL＝3409.933，Cox & Snell R^2＝0.025，Nagelkerke R^2＝0.033；Hosmer和Lemeshow检验：χ^2＝7.342，自由度＝8，显著性＝0.500。

②*表示在5%水平上显著，**表示在1%水平上显著。

1．调饮茶口感和质量的重要程度

分析数据显示，调饮茶口感和质量的重要程度与消费者对新式茶饮的购买意愿具有正的显著相关性，这与预期效应相同，即越看重调饮茶口感和质量的消费者越愿意购买新式调饮茶，这说明目前市场上的新式茶饮无论在口感还是在质量方面都得到了消费者的认可。与预期相反的是，调饮茶口感的重要程度与消费者对杯装冲泡调饮茶的购买意愿具有负的显著相关性，即认为调饮茶口感越重要的消费者越不愿意购买杯装冲泡调饮茶产品。原因之一是目前市场上销售的杯装冲泡调饮茶产品的口感确实难以符合消费者的需求，相关企业需及时调整，保障调饮茶的口感。原因之二是消费者对调饮茶的认知较少，并不懂优质的调饮茶产品应该具有哪种口感，因此对调饮茶口感好坏的定义不同，进而会影响口感与消费者购买意愿的关系。

2．调饮茶包装和品牌的重要程度

调饮茶包装的重要程度与消费者对杯装冲泡调饮茶的购买意愿具有负的显著相关性，即认为杯装冲泡调饮茶产品的包装越重要的消费者对其购买意愿反而下降。这表明目前市场上销售的杯装冲泡调饮茶产品包装不够优良，导致一部分看重包装的消费者流失，这也提醒相关生产企业在生产时可以根据消费者的不同需求生产不同层次的产品，针对看重调饮茶包装的消费者可以深入了解其对包装的具体要求，生产出符合该类消费者需求的产品。调饮茶品牌的重要程度与消费者对新式茶饮的购买意愿具有负的显著相关性，与消费者对杯装冲泡调饮茶产品和工业化瓶装茶饮料的购买意愿具有正的显著相关性。这说明越看重品牌的消费者越不愿意购买新式茶饮，反而更愿意购买杯装冲泡调饮茶产品和工业化瓶装茶饮料。目前，市场上茶饮店的数量不断增加，虽然大多数新式茶饮的调制方法相近，价格差别也不大，但是大多数茶饮店知名度较低，注重品牌的消费者不愿购买，而几家品牌知名度较高的茶饮店，如喜茶、一点点等品牌，由于知名度较高，排队的人居多，因此消费者可能不愿意浪费时间等待，这就造成注重品牌的消费者越不愿意购买新式茶饮。而购买杯装冲泡调饮茶产品和工业化瓶装茶饮料无需排队，购买方便，而且各个品牌产品的价格差别不大，因此越注重品牌的消费者会更愿意购买此类调饮茶产品。

3．调饮茶的宣传以及购买便利性的重要程度

调饮茶宣传的重要性与消费者对工业化瓶装茶饮料购买意愿具有正的显著相关性。这表明当前市场上销售的工业化瓶装茶饮料的企业宣传力度较大，使得消费者的购买意愿增加。购买便利性的重要程度与消费者对新式茶饮和工业化瓶装茶饮料的购买意愿具有正的显著相关性，即认为购买便利性越重要的消费者越愿意购买新式茶饮以及工业化瓶装茶饮料。《2019中国饮品行业趋势发展报告》显示，截至2018年第三季度，全国新式茶饮店数量达到41万家，这表明目前市场上的茶饮店数量较多，分布范围较广，消费者几乎随处都能买到新式茶饮。而工业化瓶装茶饮料的销售点更多，包括商场超市和小卖部等，这也极大地增加了消费者购买的便利性。

4．消费者调饮茶的认知

消费者对调饮茶的整体认知度越高，越倾向购买新式茶饮。消费者对调饮茶调配技术越了解，反而越不愿意购买新式茶饮以及工业化瓶装茶饮料，这可能是因为此类消费者认为茶饮店人员的调配技术不够专业，无法真正调制出正宗的调饮茶产品。而工业化瓶装茶饮料通常采取的都是萃取工艺，同时会加入一些添加剂，了解调饮茶调配技术的消费者对调饮茶口感以及营养方面的要求可能更高，因此不愿意购买此类产品。对调饮茶产品中的矿物质和氨基酸越了解的消费者越不会购买新式茶饮和工业化瓶装茶饮料产品。这可能是因为消费者认

为新式茶饮更强调饮品口感，其矿物质和氨基酸的含量较低；而工业化瓶装茶饮料是采取特殊的技术萃取而成，萃取过程可能会破坏氨基酸分子，因此消费者不愿购买。

5. 在消费者特征统计变量中，只有性别、年龄和收入对其购买调饮茶的类型有显著影响

结果表明，女性消费者更偏向购买新式茶饮，这与《2019中国饮品行业趋势发展报告》一致，即新式茶饮的女性消费者约为男性消费者的3倍。男性消费者更偏好工业化瓶装茶饮料，这可能是因为与新式茶饮和杯装冲泡调饮茶相比，工业化瓶装茶饮料携带更为方便，因此也更受男性消费者的青睐。年龄越大的消费者越不倾向于购买新式茶饮，这与实际情况一致。据统计，茶饮店的消费人群中，30岁以下的消费者占71%。收入越低的消费者越偏好工业化瓶装茶饮料，这可能是因为工业化瓶装茶饮料价格相对较便宜，基本都在10元以内，而新式茶饮大都在12～25元。

三、影响消费者饮用调饮茶频率的 Logistic 回归分析

（一）变量选择与模型设定

1. 变量选择

设定因变量为消费者是否每周都会饮用调饮茶（Y），分析包括两种可能：是，则$Y=1$；否则，$Y=0$。影响消费者饮用调饮茶频率的因素为解释变量，包括调饮茶口感的重要程度（*TA*）、包装的重要程度（*PA*）、质量的重要程度（*QU*）、品牌的重要程度（*BR*）、宣传的重要程度（*PU*）、购买便利性的重要程度（*CV*）、消费者对调饮茶的整体认知（*OC*）、对调饮茶调配技术的认知（*TC*）、对健康价值的认知（*HC*）、对矿物质的认知（*MC*）、对氨基酸的认知（*AC*）、对维生素的认知（*VC*）、性别（*GE*）、年龄（*AG*）、学历（*EL*）、收入水平（*IL*）等特征统计变量。各变量的具体说明与统计性描述如表10-1所示。

2. 模型设定

因变量为消费者是否每周都会饮用调饮茶（Y），包括两种结果：是，则$Y=1$；否则，$Y=0$。假设，Y取1的概率为p，则Y的函数可以表示为：

$$f(Y)=p^{Y}(1-p)^{1-Y};\ Y=0,\ 1$$

本文采用二元选择Logistic回归模型进行估计，相应的Logistic模型的基本形式如下：

$$P_k=F\left(\lambda+\sum^{m}\beta_j xkj+v\right)=1/\left\{1+\exp\left[-\left(\lambda+\sum^{m}\beta_j xkj+v\right)\right]\right\}$$

在该模型中，P_k表示消费者每周饮用调饮茶的概率，k为消费者编号，m表示影响因素的个数，xkj为消费者饮用调饮茶频率的解释变量，相应的回归系数为β_j，常数项为λ以及随机误差项v。

（二）结果分析

运用SPSS22.0统计软件对所调查的2525份消费者的截面数据进行Logistic回归分析。回归结果如表10-3所示。

从表10-3可以看出，消费者对调饮茶中矿物质的认知、性别以及年龄对消费者饮用调饮茶的频率在1%水平上有显著影响。对于上述回归分析的结果，可作如下进一步的分析和阐述。

表 10-3 Logistic 模型回归结果

变量	系数	标准误差	Wals卡方值	Exp（*B*）优势比
TA	0.309	0.199	2.414	1.362
PA	–0.065	0.118	0.302	0.937
QU	0.770**	0.180	18.289	2.160
BR	0.318**	0.119	7.115	1.374
PU	–0.008	0.125	0.004	0.992
CV	0.259	0.133	3.763	1.295
OC	0.781**	0.158	24.497	2.185
TC	–0.020	0.208	0.009	0.980
HC	0.185	0.172	1.161	1.204
MC	0.131	0.201	0.427	1.140
AC	–0.079	0.199	0.158	0.924
VC	0.671**	0.185	13.154	1.957
GE	–0.120	0.115	1.088	0.887
AG	–0.016	0.012	1.721	0.984
EL	0.060	0.035	2.998	1.062
IL	0.005	0.013	0.163	1.005
Constant（常数项）	–0.540	0.611	0.781	0.583

注：①模型结果检验：–2LL＝2076.840，Cox & Snell R^2＝0.061，Nagelkerke R^2＝0.104；Hosmer和Lemeshow检验：χ^2＝8.092，自由度＝8，显著性＝0.424。

②**表示在1%水平上显著。

1．调饮茶的质量与购买频率具正显著相关性

这表明消费者认为目前市场销售的调饮茶产品质量总体较高，但是相关企业仍不能掉以轻心，需不断提高调饮茶的质量。同时，还应该不断改善调饮茶产品的口感、优化产品的包装、提高产品的购买便利性，以吸引更多的消费者。

2．调饮茶的品牌与购买频率具正显著相关性

越注重品牌的消费者饮用调饮茶的频率越高，这说明注重品牌的消费者一旦发现自己喜欢的品牌，便会对其产生信赖，进而持续消费该品牌的产品。这也要求相关企业不仅要注重产品的宣传，在打开知名度的同时，更要保证并持续提升产品的品质，才能真正吸引和留住自己的消费群体。

3．对调饮茶的了解程度与购买频率具正显著相关性

这不难理解，对调饮茶了解越多的消费者，就会更加了解调饮茶对人的益处，因此喝调饮茶的频率会增加。

四、消费者调饮茶购买价位的 Interval Censored 回归分析

（一）变量选择与模型设定

定义因变量为消费者对调饮茶的购买价位（PP_i），（0，5]、[6，10]、[11，20]、[21，30]、[31，+∞）是消费者选择的5种购买调饮茶的价位区间。调饮茶的价格大于零（$PP_i>0$）。因此，要求选取的函数既能满足$PP_i>0$的条件，又能是较常见且相对容易计算的函数，故本文选取了e指数函数。假设：

$$PP_i^*=e^{X\beta+\varepsilon_i} \tag{10-1}$$

$PP_i=j$，如果$L_j\leqslant PP_i^*\leqslant U_j$，$j=1$，……，$J$，$L_1=0.01$，$U_J=+\infty$

式（10-1）中，X_i是解释变量，β是回归系数，ε_i是具有零均值和常数方差（σ^2）的随机误差项，且在个体间独立一致分布。

根据购买调饮茶价位的样本，可以得到价格的上限（L_j）和下限（U_j）。由式（1）可知，被调查者选择范围[L_j，U_j]的概率为：

$$P\left(L_j\leqslant PP_i^*\leqslant U_j\right)=P\left(L_j\leqslant e^{X_i\beta+\varepsilon_i}\leqslant U_j\right)=P\left[Ln\left(L_j\right)-X_i\beta\leqslant\varepsilon_i\leqslant Ln\left(U_j\right)-X_i\beta\right]$$

假设随机误差项服从零均值和常数方差（σ^2）的正态分布，则所选择的额外价格在[L_j，U_j]范围的概率为：

$$P(L_j \leqslant PP_i^* \leqslant U_j) = \phi\left(\frac{Ln(U_j) - X_i\beta}{\sigma}\right) - \phi\left(\frac{Ln(L_j) - X_i\beta}{\sigma}\right)$$

ϕ(.)为标准正态分布函数。本文应用LIMDEP 9.0分析工具，通过极大似然估计获得回归系数β的估计值以及误差项的标准差σ。表10-4为Interval Censored模型的回归结果，自变量与前述的Logistic模型一致。

表 10-4 Interval Censored 模型回归结果

自变量	系数	标准误差	T比率
TA	0.0042	0.1246	0.034
PA	−0.0015	0.0754	−0.020
QU	−0.1541	0.1152	−1.338
BR	0.1070	0.0859	1.247
PU	−0.0216	0.0830	−0.260
CV	0.0672	0.0847	0.794
OC	−0.0650	0.0919	−0.708
TC	0.2370**	0.0988	2.399
HC	0.0941	0.0922	1.022
MC	0.1502	0.0946	1.588
AC	0.0208	0.1005	0.207
VC	0.2487***	0.0903	2.754
GE	0.1377*	0.0797	1.729
AG	0.0068	0.0087	0.781
EL	0.0196	0.0281	0.699
IL	0.0091	0.0090	1.014
Constant（常数项）	1.7326***	0.4985	3.476
误差项的标准差 σ	0.4579***	0.0254	18.050
观察值		2525	
Log 似然函数值		−255.8018	

注：*表示在10%水平上显著；**表示在5%水平上显著；***表示在1%水平上显著。

Interval Censored模型的回归结果表明，消费者性别、对调饮茶中维生素的认知以及对调饮茶调配技术的认知是正向显著影响消费者购买调饮茶价格水平的因素，其他变量均不显著。

（二）结果分析

1. 性别显著影响消费者购买调饮茶产品的价位区间

结果表明，女性消费者购买调饮茶的价位区间更高，这与美团点评研究院餐饮研究中心发布的报告相反，报告表明35岁以上男性消费的调饮茶产品单价最高。这可能是因为美团点评研究院餐饮研究中心发布的报告仅研究了消费者对新式茶饮的消费情况，而本研究不仅揭示消费者对新式茶饮的消费情况，还研究了消费者对杯装冲泡调饮茶以及工业化瓶装茶饮料的消费情况。

2. 消费者对调配技术的认知情况与其购买调饮茶的价位区间具有正的显著相关性

结果表明消费者对调饮茶调配技术越了解，购买调饮茶的价格越高。这可能是因为越了解调配技术的消费者越知道调配技术的重要性，不同的调配工艺调制成的调饮茶不仅在口感上会有差异，其健康营养价值也可能不同，此类消费者认为价格越高的调饮茶是由更成熟的调配工艺调制而成，因而更愿意购买高价格的调饮茶。因此，相关企业可以通过提升消费者对调饮茶调配技术的认知来提升自己的营业收入。

3. 消费者对调饮茶中维生素的了解程度正向显著影响消费者购买调饮茶的价格区间

越了解调饮茶中所含维生素的消费者越愿意购买高价格的调饮茶产品。一方面，消费者了解调饮茶产品中含有的维生素以及它们的功能，因此愿意购买高价格的调饮茶；另一方面，消费者认为价格越高的调饮茶产品含有的维生素可能更加丰富。因此为获取品质更高、类型更丰富的维生素，消费者愿意购买价格更高的调饮茶产品。

本章小结

本章通过二元 logistic 实证分析以及 Interval Censored 回归分析研究消费者对调饮茶购买行为的影响因素，得出如下结果。

口感和质量与消费者购买新式茶饮的意愿具有正的显著相关性；包装与消费者购买杯装冲泡调饮茶的意愿具有负的显著相关性，即认为调饮茶的包装越重要的消费者反而越不愿意购买杯装冲泡调饮茶；宣传与消费者购买工业化瓶装茶饮料的意愿具有正的显著相关性；女性消费者更偏向购买新式茶饮，年龄越大的消费者越不倾向于购买新式茶饮，收入越低的消费者越倾向于购买工业化瓶装茶饮料。

消费者对调饮茶的整体认知度越高，越倾向购买新式茶饮；消费者对调饮茶调配技术越了解，越不愿意购买新式茶饮以及工业化瓶装茶饮料；对调饮茶产品中的矿物质和氨基酸越了解的消费者越不会购买新式茶饮和工业化瓶装茶饮料。

调饮茶质量的重要程度与消费者饮用调饮茶的频率具有正的显著相关性；调饮茶品牌的重要程度与消费者饮用调饮茶的频率具有正的显著相关性；对调饮茶整体了解程度越高，以及对调饮茶中含有的维生素了解程度越高的消费者饮用调饮茶的频率越高。

女性消费者购买调饮茶的价位区间更高；越了解调饮茶的调配技术的消费者购买调饮茶的价位区间越高；越了解调饮茶中维生素的消费者购买调饮茶的价位区间越高。

针对上述研究结果，相关企业仍需不断改善调饮茶的口感及质量，针对不同类型的消费者提供不同的调饮茶产品。同时，需不断提高消费者对调饮茶及其营养价值的认知，进而提高调饮茶的市场需求。

参考文献

[1] AAKER A．建立品牌的第一步——品牌愿景[J]．中国品牌与防伪，2015（3）：58-59.

[2] PARK C W, LESSIG V P. Familiarity and its impact on consumer decision biases and heuristics [J]. Journal of Consumer Research, 1981（8）：223-230.

[3] RICHARDSON P, JAIN A K, DICK A. The influence of store aesthetics on evaluation of private label brands [J]. Journal of Product & Brand Management，1996，5（1）：19-28.

[4] TEISL M F, ROE B. The economics of labelling：an overview of issues for health and environmental disclosure [J]. Agricultural and Resource Economics Review，1998，27（2）：140–149.

[5] 陈渊．社会文化因素对市场营销的影响[J]．公关世界，1995（4）：13-16.

[6] 董雅丽，杨蓓．C2C电子商务平台下消费者购买行为的影响因素分析[J]．消费经济，2007，23（3）：32-35.

[7] 李娟，活泼，杨海燕．茶叶功效成分研究进展[J]．浙江科技学院学报，2005（4）：285-289.

[8] 任建超，韩青，乔娟．影响消费者安全认证食品购买行为的因素分析——基于结构方程建模的实证研究[J]．消费经济，2013（3）：52-57.

[9] 任锦华．影响消费者购买行为的因素分析[J]．哈尔滨市委党校学报，2002（1）：31-32.

[10] 张利国，徐翔．消费者对绿色食品的认知及购买行为分析——基于南京市消费者的调查[J]．现代经济探讨，2006（4）：51-55.

[11] 左洪亮．对影响消费者购买行为的心理因素的研究[J]．商业研究，2005（10）：102-104.

第三篇
调饮茶案例

第十一章　茶与酒调饮案例

茶与酒，一静一动，具有不同的文化属性。茶与酒的配伍，是风味协同、功能强化的最佳表达。在本章茶与酒调饮案例中用到的基酒是茗酿茶酒，酒精度为40.8度。中华全国供销合作总社杭州茶叶研究院食品技术团队创制的茶叶风味诱导缓释专利技术，实现了茶叶高级风味组分与传统白酒风味的高效协同。酒分子团包围茶中清新自然的花果香，经历短暂的唤醒后，茶香即被缓慢释放，幽香持久。因此，将茶酒专属的DNA融入饮品中，可开启一段充满感官诱惑的沉浸式体验之旅。

一、不惑岩韵

调饮步骤如图11-1所示。

扫码观看操作视频

配料

注：配料为单杯调饮的用量（下同）

茗酿茶酒　10毫升　　大红袍　8克
蜂蜜（可用糖浆代替）　8克　　干桂花　少许
冰块　8～10粒

比例

茶　1：10　水
茶汤　8：1　酒

主要用具

盖碗　公道杯　雪克杯（360毫升）　冰块碗
配料碟　茶荷　茶匙　咖啡匙　分酒器
冰块夹　香槟杯（210毫升）

推荐饮用时间　秋季　　**搭配点心**　桂花糕

调饮步骤

（1）**泡茶**　将8克大红袍用盖碗闷泡2分钟。

（2）**凉汤**　闷泡的同时将冰块加入雪克杯；将茶汤滤出至公道杯，并放置于盛有冰块的冰块碗中，快速冷却茶汤。

（3）**凉杯**　用冰块夹在香槟杯中加入适量冰块，待杯子冷却后倒出冰块。

图11-1　不惑岩韵的调配过程

（4）调配　将雪克杯打开，分别加入蜂蜜、茗酿茶酒与冷却的茶汤，并合紧盖子。

（5）摇制　单手握紧雪克杯，利用腕力呈S型上下摇晃（右手大拇指在雪克杯的顶盖位置，食指与中指分开，握住杯身，左手大拇指压住雪克杯盖与杯身的盖合处，其余四指放置在底部，稳固雪克杯；举起雪克杯置在左肩膀的位置，利用手腕与手臂的力量，有节奏地前后摇动），至冰块融化（没有冰块撞击声），有丰富的沫饽形成。

（6）做型　最后将步骤（4）所得的摇制品注入香槟杯中，放置5～6朵干桂花入杯做型，出成品。

配伍解读　大红袍味甘性平，不热不寒，具润肤、益肺、生津、润喉之功，有效祛除体内余热，恢复津液，于“燥气当令”时饮用益处颇多；桂花性温味辛，具有健胃、化痰、生津、散痰、平肝的作用；蜂蜜味甘、性平，归脾、肺、心、胃、大肠经，具有滋阴润燥、补虚润肺的作用；茶酒富含茶氨酸，具有生津、安神、降压的功能。饮品可促进营养素吸收，增加代谢，具有舒肝益肺理气、醒脾生津开胃之功。

二、永恒之美

调配过程如图11-2所示。

配料

茗酿茶酒 10毫升　黑枸杞 1.5克
茉莉花 2朵　茉莉花茶 8克
蜂蜜（可用糖浆代替） 8克　纯净水 200毫升
冰块 10粒　青梅 1颗

比例

黑枸杞 1∶100 水　茉莉花茶 1∶12.5 水

主要用具

盖碗　公道杯　雪克杯（360毫升）
冰块碗　咖啡匙　分酒器　冰块夹
玛格丽特杯（150毫升）　情调壶（玻璃）　竹签
茶荷　茶匙　配料碟

推荐饮用时间 春、夏季　**搭配点心** 抹茶巧克力

调饮步骤

（1）泡花　将1.5克黑枸杞放入情调壶中，注冷水200毫升，浸泡30秒，待用。

图11-2　永恒之美的调配过程

（2）泡茶　将8克茉莉花茶放入盖碗中，再将步骤（1）中黑枸杞水加热至95℃，用加热后的黑枸杞水冲泡茉莉花茶，闷泡2分钟，沥出汤（避免汤色浑浊）。

（3）置冰　在等候茶汤时，打开雪克杯，加入冰块。

（4）凉汤　将茶汤沥至公道杯并放入盛有冰块的冰块碗中，快速冷却茶汤。

（5）调配　依次在雪克杯中加入蜂蜜8克、茗酿茶酒10毫升和冷却后的茶汤，并合紧盖子。

（6）凉杯　在玛格丽特杯中加入适量冰块，待杯子冷却后倒出冰块。

（7）摇制　单手握紧雪克杯，利用腕力呈S型上下摇晃（同前述案例），至冰块融化。

（8）做型　将调好的饮品倒入玛格丽特杯中，放置茉莉花2朵入杯做型，并将用竹签插好的青梅放置杯口装饰，即可出成品。

配伍解读　绿茶邂逅茉莉花，是花香与茶叶的完美融合，六次窨制的独特芬芳被悠悠释放；黑枸杞含有丰富的维生素、花青素和枸杞多糖，具有保护心血管及抗衰等多种功效，黑枸杞看似魔幻的蓝色，散发出典雅华贵的气质。此饮品花茶高扬，汤色透蓝，沁心润喉，尽显微醺的惬意。

三、金秋

调配过程如图11-3所示。

扫码观看操作视频

配料

茗酿茶酒　25毫升	橙汁　20毫升
橙子果肉　2块（15克）	陈皮（火烤）　1条
漳平水仙　8克	蜂蜜（可用糖浆代替）　8克
干桂花　1.5克	冰块　10粒

比例

茶　1∶10　水

茶水　7∶1　酒

主要用具

盖碗	公道杯	雪克杯（360毫升）	冰块碗	
保鲜膜	盎司杯	配料碟	茶荷	茶匙
咖啡匙	分酒器	冰块夹	三角鸡尾酒杯（80毫升）	

推荐饮用时间　秋季　　**搭配点心**　熏鲑鱼片

调饮步骤

（1）预制　用25毫升茗酿茶酒浸泡1.5克干桂花（于公道杯内浸泡），裹上保鲜膜，保持酒香不散，约1小时。

（2）泡茶　将漳平水仙8克放入盖碗中，用95℃沸水冲泡，闷泡2分钟，出汤待用。

（3）凉汤　将茶汤沥出至公道杯并放入盛有冰块的冰块碗中，快速冷却茶汤。

图11-3　金秋的调配过程

（4）调配　在雪克杯中依次加入4粒冰块、8克蜂蜜、20毫升橙汁、15毫升干桂花泡的茗酿茶酒和冷却后的茶汤（30毫升）。

（5）凉杯　在三角鸡尾酒杯中加入适量冰块，待杯子冷却后倒出冰块。

（6）摇制　单手握紧雪克杯，利用腕力呈S型上下摇晃（同前述案例），至冰块融化。

（7）做型　将2块橙子果肉放入三角鸡尾酒杯中，再将调好的饮品倒入杯中，利用陈皮点缀做型，出成品。

配伍解读　陈皮味辛苦性温，可理气、祛湿、化痰，调理胃肠类疾病；鲜橙的维生素C含量高，澄黄明亮，与茶酒搭配具有协同之效；茶底选用高香青茶漳平水仙。此饮品色泽鲜艳，鲜爽饱满，具有提高免疫力和抗衰老之功效。

四、清平调

调配过程如图11-4所示。

扫码观看操作视频

配料

春韵兰香（生普） 3克
青葡萄芦荟糖浆 15毫升
青柠汁 5毫升
茗酿茶酒 10毫升
柠檬皮 2条
薄荷叶 1朵
冰块 5粒

比例

干茶 1∶35 水
茶汤 3∶1 酒

主要用具

盖碗 公道杯 雪克杯（360毫升） 冰块碗
盎司杯 茶荷 茶匙 长柄咖啡匙
分酒器 冰块夹 三角鸡尾酒杯（80毫升）

推荐饮用时间 春、夏、秋季 **搭配点心** 帕尔马火腿片

调饮步骤

（1）泡茶 将3克春韵兰香加入盖碗中，沸水冲泡，闷泡2分钟沥出汤。
（2）备料 等待茶汤的同时，在三角鸡尾酒杯中加入15毫升青葡萄芦荟糖浆，在雪克杯中加入5粒冰块。
（3）凉汤 将茶汤滤出后放入盛有冰块的冰块碗内，使茶汤快速冷却。

图11-4　清平调的调配过程

（4）调配　在雪克杯中加入1条柠檬皮、5毫升青柠汁、10毫升茗酿茶酒及冷却的茶汤30毫升，盖紧雪克杯。

（5）凉杯　在三角鸡尾酒杯中加入适量冰块，待杯子冷却后倒出冰块。

（6）摇制　单手握紧雪克杯，利用腕力呈S型上下摇晃（同前述案例），至冰块融化。

（7）做型　将摇制好的饮品缓慢注入三角鸡尾酒杯中（为了不破坏杯中糖浆形态，可以用长柄咖啡匙引流），在杯口挂上卷曲的柠檬皮，与薄荷叶点缀做型，即可出成品。

配伍解读　柠檬皮能够止咳化痰，清热解毒；生普富含茶多酚、咖啡碱、氨基酸、维生素等成分，具有消暑解热和增加营养的功效。因而此饮品可以缓解口干舌燥，适宜在天干气燥的秋季饮用。

五、糖印年代

调配过程如图11-5所示。

扫码观看操作视频

配料　茗酿茶酒　5毫升　　方糖　1块
老白茶　5克　　纯净水　500毫升

比例　茶　1∶30　水　　茶水　15∶1　酒

主要用具　红酒杯（360毫升）　茶夹　咖啡匙　喷火枪　配料碟
分酒器　煮茶壶（一套）　公道杯　茶荷　茶匙

推荐饮用时间　秋、冬季　　**搭配点心**　苹果松饼

调饮步骤

（1）**泡茶**　将老白茶加入煮茶壶内，倒入开水润茶后弃汤，再加入500毫升沸水煮茶，煮开后持续煮5分钟即可关火，滤出茶汤备用。

（2）**备汤**　将茶汤（200毫升）倒入红酒杯中；在预先准备的方糖上，洒上适量的茗酿茶酒，使方糖湿润即可。

（3）**置糖**　在咖啡匙内放置一块方糖后，将其架于红酒杯上口。

（4）**做型**　将茗酿茶酒缓慢浇灌在咖啡匙上的方糖上，酒至满匙，保持酒不滴落杯中；然后用喷火枪点燃方糖，待方糖燃烧殆尽后，用咖啡匙搅拌均匀，即可出成品。

图11-5　糖印年代的调配过程

配伍解读　此饮品的创意源自云南少数民族的一种饮茶习俗“龙虎斗”，酒可祛邪解毒，通脉散湿，老白茶能够祛风散寒，补血益气。茶酒相融后，茶多酚在酒相里的抗氧化活性高于水相，因而功能更加协同，饮用此饮品可缓解感冒症状。

六、冰菊物语

调配过程如图11–6所示。

扫码观看操作视频

配料

黄菊　1朵	平阳黄汤　10克
绿茶提取液　半支（2.5毫升）	冰块　15粒
蜂蜜（可用糖浆代替）　8克	柠檬片　1片
茗酿茶酒　35毫升	雪碧　60毫升
薄荷叶　1朵	黄菊（浸泡过）　1朵

主要用具

红酒杯（360毫升）　公道杯　盖碗　雪克杯（360毫升）
分酒器　冰块夹　配料碟　咖啡匙　冰块碗
保鲜膜　茶荷　茶匙

推荐饮用时间　夏、秋季　　**搭配点心**　菊花山药果

调饮步骤

（1）预调　在公道杯中加入5克平阳黄汤，将35毫升茗酿茶酒倒入雪克杯中（茶叶需完全浸润），裹上保鲜膜，浸泡4小时，以保持酒香不散。

（2）泡茶　在盖碗中加入1朵黄菊和5克平阳黄汤，沸水冲泡，2分钟后沥出茶汤待用。

（3）凉汤　将盛有茶汤的公道杯放入盛有冰块的冰块碗内，快速冷却茶汤。

（4）调配　依次在雪克杯中加入冷却后的茶汤80毫升、冰块15粒、柠檬1片、绿茶提取液2.5毫升、浸泡后的茗酿茶酒10毫升、蜂蜜8克。

图11-6 冰菊物语的调配过程

(5)凉杯　在红酒杯中加入适量冰块，待杯子冷却后倒出冰块。

(6)摇制　单手握紧雪克杯，利用腕力呈S型上下摇晃(同前述案例)，至冰块融化。

(7)做型　在雪克杯中加入雪碧60毫升；再将调好的茶汤均匀地倒入红酒杯中，每杯中加入浸泡过的1朵黄菊和1朵薄荷点缀做型，即可出成品。

配伍解读　平阳黄汤茶，具有鲜嫩的玉米香气，口味浓醇、鲜爽、回甘；黄菊花茶，不仅可以清热解毒、缓解咽喉肿痛及口腔溃疡等症状，还可促进皮肤细胞再生，美容养颜，使皮肤细嫩白皙。此饮品将鲜嫩的香气和清热的功能有效协同，秋意浓烈。

七、龙井spritz

调配过程如图11-7所示。

扫码观看操作视频

配料

茗酿茶酒　10毫升	汤力水　165毫升
绿茶提取液　2.5毫升	薄荷叶　1朵
枸杞　5～6颗	八角　1个
柠檬片　1片	冰块　12粒
龙井茶　3克	

比例

酒　茶汤　汤力水　1∶3∶8

龙井茶　1∶20　水

主要用具

红酒杯（360毫升）　冰块夹　盖碗　公道杯

玻璃执壶　分酒器　冰块碗　长柄咖啡匙

茶荷　茶匙　配料碟

推荐饮用时间　春、夏季　　**搭配点心**　樱花小馒头

调饮步骤

（1）泡茶　盖碗中加入龙井茶，沸水冲泡，闷泡2分钟，沥出茶汤待用，冷却。

（2）凉杯　红酒杯中加入适量冰块，待杯子冷却后倒出冰块。

图11-7　龙井spritz的调配过程

（3）预调　红酒杯中加入冰块12粒，再将165毫升汤力水倒入杯中。

（4）调和　将茗酿茶酒10毫升加入冷却的80毫升茶汤内，并用长柄咖啡匙将两者调和均匀。

（5）调配　将调和的茶汤倒入红酒杯中，再依次加入绿茶提取液、枸杞、八角、柠檬片。

（6）做型　最后红酒杯中加入薄荷叶少许，叶底点缀做型，即可出成品。

配伍解读　枸杞性甘平，归肝肾经，具有滋补肝肾、养肝明目的功效；八角性温、味辛甘，归脾肾经，具有温阳散寒、理气止痛的功效，是西方酒品中常用的原料。因而此饮品香高味厚，香而不浮，爽而不浊，具有散淤祛寒的功效。

八、青花

调配过程如图11-8所示。

扫码观看操作视频

配料

茗酿茶酒　20毫升
桂花龙井　4克
干茶花　2朵
蜂蜜（可用糖浆代替）　10克
黑枸杞　0.5克
冰块　6粒

比例

茶　1：20　水

茶水　4：1　酒

主要用具

盖碗　公道杯　雪克杯（360毫升）　冰块碗
咖啡匙　分酒器　冰块夹　马天尼高脚杯（75毫升）
配料碟　茶荷　茶匙

推荐饮用时间　春、夏季

搭配点心　椰子雪球

调饮步骤

（1）泡茶　将4克桂花龙井与2朵干茶花加入盖碗，沸水冲泡，闷泡2分钟沥出茶汤待用。

（2）预调　将6粒冰块、10克蜂蜜、20毫升茗酿茶酒及30毫升冷却后的茶汤加入雪克杯内。

（3）凉杯　在马天尼高脚杯中加入适量冰块，待杯子冷却后倒出冰块。

图11-8　青花的调配过程

（4）摇制　单手握紧雪克杯，利用腕力呈S型上下摇晃（同前述案例），至冰块融化。

（5）做型　将摇制完成的饮品倒入马天尼高脚杯中，加入预先浸泡过的黑枸杞和适量黑枸杞茶汤，待黑枸杞绽放蓝色水纹，观幻化万千，即可出成品。

配伍解读　茶酒两生花，茶味与花香酒韵浑然一体，茶引花香，花益酒醇，再以一首感官的交响乐做配乐，可以神形兼备。此饮品茶味浓爽，花香鲜灵，酒催神驰。

九、玫瑰人生

调配过程如图11-9所示。

配料

茗酿茶酒（浸泡玫瑰用） 50毫升

干玫瑰花 15朵　　熟普 5克

茗酿茶酒 10毫升　　冰块 10粒

蜂蜜（可用糖浆代替） 15克

比例

茶 1：25 水　　茶水 10：1 酒

主要用具

盖碗　公道杯　雪克杯（360毫升）　冰块碗

咖啡匙　分酒器　冰块夹　香槟杯（210毫升）

保鲜膜　盎司杯　配料碟　茶荷　茶匙

推荐饮用时间 秋、冬季　　**搭配点心** 巧克力起司球

调饮步骤

（1）浸花　将7朵干玫瑰花放入盛有50毫升茗酿的公道杯中，裹上保鲜膜，保持酒香不散，浸泡约2小时，得玫瑰花酒。

（2）泡茶　壶中加入熟普5克，沸水冲泡，闷泡2分钟沥出茶汤至预先放有4朵干玫瑰花的公道杯中，待用。

图11-9　玫瑰人生的调配过程

（3）调配　雪克杯内依次加入10粒冰块、15克蜂蜜、10毫升玫瑰花浸泡后的茗酿茶酒及100毫升冷却的茶汤。

（4）凉杯　在香槟杯中加入适量冰块，待杯子冷却后倒出冰块。

（5）摇制　单手握紧雪克杯，利用腕力呈S型上下摇晃（同前述案例），至冰块融化，有丰富的沫饽形成。

（6）做型　将调好的饮品倒入香槟杯中，再在沫饽上方放置2～3片干玫瑰花瓣做型提香，即可出成品。

配伍解读　玫瑰花含多种维生素及单宁酸，具有改善内分泌失调、调气血、美容等功效；普洱茶经过独特的发酵过程后生成了脂肪分解酶，具有瘦身减肥的功效。此饮品兼具美容养颜与塑造身型的效果，备受女性消费者的喜爱。

十、只若初见

调配过程如图11-10所示。

配料

茗酿茶酒　10毫升　妃子醉　5克　玫瑰茄　3克
新鲜桂圆肉　5颗（根据季节可用新鲜荔枝代替，3颗去核）
白糖　5~6克（放入碾磨器）　蜂蜜（可用糖浆代替）　10克
薄荷叶　1朵　海棠花（可用勿忘我代替）　1朵
冰块　10粒

比例

茶　1∶25　水　　茶水　10∶1　酒

主要用具

盖碗　公道杯　雪克杯（360毫升）　冰块碗
咖啡匙　分酒器　冰块夹　玛格丽特杯（150毫升）
碾磨器　盎司杯　配料碟　玻璃情调壶
茶荷　茶匙

推荐饮用时间　春、夏季　　**搭配点心**　桃花酥

调饮步骤

（1）**煮汤**　将3颗玫瑰茄放置玻璃情调壶中，加入300毫升开水，煮开至汤色红艳。

图11-10　只若初见的调配过程

（2）泡茶　用煮好的玫瑰茄汤冲泡妃子醉，闷泡时间2分钟，沥出茶汤，待用。

（3）凉杯　在玛格丽特杯中加入适量冰块，待杯子冷却后倒出冰块。

（4）备料　凉茶汤同时，在玛格丽特杯中加入冰块3粒和桂圆肉3颗（荔枝3颗）。

（5）调配　在雪克杯中加入适量冰块、新鲜桂圆肉2颗（荔枝1颗去核）、蜂蜜10克、茗酿茶酒10毫升、冷却的茶汤80毫升。

（6）摇制　单手握紧雪克杯，利用腕力呈S型上下摇晃（同前述案例），至冰块融化，有丰富的沫饽形成。

（7）做型　将调好的饮品注入玛格丽特杯中，加上薄荷叶1朵及海棠花1朵做型。

（8）装点　在玛格丽特杯上方用碾磨器磨将白糖均匀地撒在沫饽、薄荷叶与花的上方，形成一层白色糖霜，出成品。

配伍解读　妃子醉是云南大叶种红茶，条索肥壮，有浓郁的桂圆香味；玫瑰茄富含维生素C，味酸性寒，具有清热解暑，养颜消斑等功效；桂圆性甘温，补心脾，益气血。该饮品汤色红亮，风味清新，花果与红茶中的抗氧化物有效协同，有助于驻颜防衰。

十一、意阑珊

调配过程如图11-11所示。

配料

茗酿茶酒 15毫升　水蜜桃酵素 25毫升
九曲红梅 4克　玫瑰茄 1朵
冰块 5粒　水蜜桃糖浆 10毫升
红石榴糖浆 5毫升　薄荷叶 1朵
桃花（根据季节选择装点花朵） 1朵

比例

茶 1∶30 水　茶水 10∶1.5 酒

主要用具

盖碗　公道杯　雪克杯（360毫升）　冰块碗
咖啡匙　分酒器　冰块夹　郁金香高脚杯（150毫升）
茶荷　茶匙　盎司杯　配料碟

推荐饮用时间 春、夏季　**搭配点心** 樱桃派

调饮步骤

（1）泡茶　将九曲红梅、玫瑰茄半朵加入盖碗，注入沸水冲泡，闷泡2分钟出汤，沥出茶汤，待用。

图11-11　意阑珊的调配过程

（2）凉杯　在郁金香高脚杯中加入适量冰块，待杯子冷却后倒出冰块。

（3）预调　将冰块5粒、茗酿茶酒15毫升、水蜜桃酵素25毫升、红石榴糖浆5毫升及冷却的茶汤60毫升注入雪克杯中。

（4）摇制　单手握紧雪克杯，利用腕力呈S型上下摇晃（同前述案例操作），至冰块融化，有丰富的沫饽形成。

（5）做型　将雪克杯中调制完成的饮品倒入郁金香高脚杯中，加入薄荷叶、桃花点缀做型，即可出成品。

配伍解读　酵素可使体内血液弱碱化，清除异物，维持肠内菌群平衡，强化消化细胞活性，增强对致病菌的抵抗力。因此，此饮品可使人体内获得最佳的平衡状态。

十二、风吹麦浪

调配过程如图11-12所示。

扫码观看操作视频

配料

茗酿茶酒 15毫升　凤凰单丛型茶花香（鸭屎香） 4克
鲜橙汁 20毫升　米汁酵素 25毫升
薄荷叶 1朵　干桂花 10朵
冰块 10粒

比例

茶 1：20 水　茶水 7：1.5 酒

主要用具

盖碗　公道杯　雪克杯（360毫升）　冰块碗
分酒器　冰块夹　腰形鸡尾酒杯（200毫升）
配料碟　茶荷　茶匙

推荐饮用时间 夏、秋季　**搭配点心** 红豆蛋挞

调饮步骤

（1）泡茶　将鸭屎香放入盖碗，注水，闷泡3分钟，沥出茶汤，冷却，待用。

（2）预调　将冰块10粒、茗酿茶酒15毫升、米汁酵素25毫升、鲜橙汁20毫升及冷却的茶汤80毫升依次加入雪克杯中。

（3）凉杯　在腰形鸡尾酒杯中加入适量冰块，待杯子冷却后倒出冰块。

图11-12　风吹麦浪的调配过程

（4）摇制　单手握紧雪克杯，利用腕力呈S型上下摇晃（同前述案例），至冰块融化，有丰富的沫饽形成。

（5）做型　将雪克杯中调制完成的饮品倒入杯中，并加入薄荷叶、干桂花点缀做型和提香，即可出成品。

配伍解读　酵素可分解食物、糖类、蛋白质、酒精、胆固醇和脂肪，并能够清除人体内毒素，使酸性血液变为弱碱性；桂花性温味辛，具有健胃化痰、生津平肝的作用。此饮品滋味醇厚爽滑，具有滋阴润燥、补虚润肺的功效。

十三、赤霞

调配过程如图11-13所示。

扫码观看
操作视频

配料

茗酿茶酒　10毫升	树莓酵素　25毫升
霍山黄大茶　4克	树莓　10颗
火龙果汁　10毫升	柠檬片　1片
蜂蜜（可用糖浆代替）10毫升	西柚片　1片
碎冰　1碗	冰块　10粒

比例

茶　1∶20　水　　茶水　7∶1　酒

主要用具

盖碗　公道杯　雪克杯（360毫升）　盎司杯
冰块碗　咖啡匙　分酒器　冰块夹　茶荷
扩口古典鸡尾酒杯（高脚杯，380毫升）　竹签
茶匙　配料碟

推荐饮用时间　春、夏季　　**搭配点心**　奶油方块酥

调饮步骤

（1）**预调**　将8颗树莓捣碎成酱（可用现成的树莓酱或草莓酱代替）备用，用竹签串一片小三角形状倒西柚皮和一颗树莓备用。

图11-13 赤霞的调配过程

（2）**泡茶** 将霍山黄大茶放置盖碗中，沸水冲泡，闷泡3分钟，沥出茶汤，冷却待用。

（3）**调配** 将冰块5粒、茗酿茶酒10毫升、蜂蜜10毫升、火龙果汁10毫升、树莓酵素25毫升、柠檬片1片及冷却的茶汤60毫升依次加入雪克杯中。

（4）**凉杯** 在高脚杯中加入适量冰块，待杯子冷却后倒出冰块。

（5）**摇制** 单手握紧雪克杯，利用腕力呈S型上下摇晃（同前述案例），至冰块融化。

（6）**做型** 在高脚杯中加入碎冰至1/3杯满，将雪克杯中调制完成的饮品注入高脚杯中，在碎冰上加上树莓酱点缀，在杯口放上串好的西柚树莓点缀做型，即可出成品。

配伍解读 酵素可分解食物、糖类、蛋白质、酒精、胆固醇和脂肪，并能清除人体内的毒素，使酸性血液变为弱碱性；黄茶可清理肠道，具有降脂减肥的功效。此饮品滋味甘爽清透，且有调节人体肠胃消化功能的效果。

十四、摇翠

调配过程如图11-14所示。

配料

凤凰单丛大乌叶　7克　　干丁香花　2朵
混合香草　2克　　梅子酒　30毫升
蜂蜜　10克　　柠檬片（新鲜）　1片
小冰块　16粒

比例

综合茶　1∶10　水　　综合茶水　3.5∶1　酒

主要用具

盖碗　公道杯　雪克杯（360毫升）　冰块碗
咖啡匙　分酒器　冰块夹　鸡尾酒杯（120毫升）
配料碟　茶荷　茶匙

推荐饮用时间　夏季　　**搭配点心**　绿豆糕

调饮步骤

（1）**泡茶**　将凤凰单丛大乌叶、混合香草与干丁香花加入盖碗，沸水冲泡，闷泡2分钟出汤，冷却待用。

（2）**凉汤**　将盛有茶汤的公道杯放至加有凉水及少量冰块的冰块碗中，快速冷却茶汤。

图11-14 摇翠的调配过程

（3）凉杯 在鸡尾酒杯中加入适量冰块，待杯子冷却后倒出冰块。

（4）预调 在鸡尾酒杯中加入8粒小冰块，将雪克杯打开，加入8粒小冰块、30毫升梅子酒、10克蜂蜜、1片柠檬片及60毫升冷却的茶汤，盖紧雪克杯。

（5）摇制 单手握紧雪克杯，利用腕力呈S型上下摇晃（同前述案例），至冰块融化，有丰富的沫饽形成。

（6）做型 将摇制均匀的饮品倒入鸡尾酒杯中，即可出成品。

配伍解读 梅子酒具有生津开胃、助消化和养颜美容的作用；丁香属于一味中药材，能够缓解腹部胀气、增强消化功能。此饮品滋味清甜、鲜爽、酸适，可消暑、缓解食欲不振和烦躁。

十五、小红唇

调配过程如图11-15所示。

扫码观看操作视频

配料

樱桃酒 15毫升　　滇红 5克

综合水果茶 8克　　石榴糖浆 10毫升

小冰块 15粒　　干玫瑰花 2朵

比例

综合茶 1∶8 水

主要用具

盖碗　公道杯　冰块碗　雪克杯（360毫升）

盎司杯　柱形高脚杯（100毫升）　长柄咖啡匙

茶荷　茶匙

推荐饮用时间 春、夏季　　**搭配点心** 慕斯蛋糕

调饮步骤

（1）泡茶　将滇红与综合水果茶、干玫瑰花加入盖碗中，沸水冲泡，闷泡2分钟，沥出茶汤，待用。

（2）凉汤　将盛有茶汤的公道杯放至加有凉水及少量小冰块的冰块碗中，冷却。

（3）凉杯　在柱形高脚杯中加入适量小冰块，待杯子冷却后倒出冰块。

（4）调配　在雪克杯中加入5粒小冰块、15毫升樱桃酒及冷却的60毫升茶汤，盖紧雪克杯。

图11-15　小红唇的调配过程

（5）摇制　单手握紧雪克杯，利用腕力呈S型上下摇晃（同前述案例），至冰块融化，有丰富的沫饽形成。

（6）做型和装点　将摇制均匀的饮品倒入杯中，再利用长柄咖啡匙沿杯壁四周缓缓倒入石榴糖浆，形成杯沿一圈红色点状形态，与白色沫饽有鲜明的色彩对比，即可出成品。

配伍解读　滇红是云南大叶种红茶，条索肥壮，有浓郁的桂圆香气；苹果、野玫瑰果、蓝莓、肉桂等食材相得益彰，形成恰到好处的口感。此饮品的配伍定位高颜值与风味兼具，体现年轻态和时尚范。

十六、茶梅露

调配过程如图11-16所示。

扫码观看
操作视频

配料

茉莉绿茶 6克
桂花米酿 150毫升
蜂蜜（可用糖浆代替） 5克
茶黄梅（微咸） 7块
柠檬片（薄片） 4片
冰块 30粒
新鲜薄荷叶 1朵

比例

茶 1∶17 水
茶水 2∶3 酒

主要用具

盖碗 公道杯 雪克杯（550毫升） 分酒器
冰块碗 冰块夹 捣碎棒 易拉罐造型杯（380毫升）
配料碟 茶荷 茶匙 吸管

推荐饮用时间 春、夏季

搭配点心 柠檬水果塔

调饮步骤

（1）泡茶 将茉莉绿茶6克放置盖碗中，沸水冲泡，浸泡约2分钟，沥出汤茶，待用。

（2）凉汤 将盛有茶汤的公道杯放置于冰块碗中，冷却。

（3）预调 将4颗茶黄梅放入雪克杯中，用捣碎棒将果肉完全捣碎后，果核不能破损，加入2片柠檬片继续捣碎，注意柠檬皮尽量不要捣碎。

图11-16 茶梅露的调配过程

（4）装点　将8粒冰块加入雪克杯中，15～20粒冰块加入易拉罐造型杯，2片柠檬片贴壁置入造型杯中。

（5）初调　依次将10克蜂蜜、150毫升桂花米酿、冷却后的茶汤80毫升加入雪克杯中。

（6）摇制　单手握紧雪克杯，利用腕力呈S型上下摇晃（同前述案例），至冰块融化。

（7）做型　打开雪克杯盖，将调好的饮品均匀倒入杯中，再加入3颗茶黄梅与新鲜薄荷叶点缀做型，放入吸管，即可出成品。

配伍解读　纯天然酿造的桂花米露清澈馥郁，伴随茉莉花绿茶的清香，入口绵软柔和，微咸的茶黄梅让饮品的滋味更加丰富，回味无穷。此饮品长期饮用，不仅能够软化血管、促进血液循环，还可以调节脾胃。

第十二章 茶与水果调饮案例

在饮茶的过程中，两个最重要的感官体验便是闻香气与品尝滋味。水果独有的香气和滋味可以弥补茶本体的某些不足，因而水果成为调饮茶实践中的重要选择对象。在茶与水果的搭配中，茶不仅是茶，同时还是风味的主体，尤其是高香且有特色的风味茶底，必须贯穿饮品的各个层次。因此，乌龙茶以其馥郁独特的香型，成为制作茶与水果调饮饮品的首选。

一、葡萄红果

调配过程如图12-1所示。

配料

注：配料为单杯调饮的用量（下同）

阿里山乌龙茶 8克　　葡萄糖浆 15克

红心火龙果（切小块） 90克　　冰块 23粒

新鲜树莓 2颗

比例

茶 1∶17 水

主要用具

雪克杯（360毫升）　盖碗　公道杯　配料碟

茶荷　茶匙　咖啡匙　冰块碗

钻石炫彩多棱杯（300毫升）　冰块夹

推荐饮用时间 夏、秋季　　**搭配点心** 布丁

调饮步骤

（1）泡茶　将阿里山乌龙茶放置盖碗内，沸水冲泡，浸泡2分钟沥出汤茶，待用。

（2）凉汤　将盛有茶汤的公道杯放置于冰块碗中，冷却。

（3）凉杯　在钻石炫彩多棱杯中加入适量冰块，待杯子冷却后倒出冰块。

（4）预调　将12粒冰块、15克葡萄糖浆、2小块红心火龙果肉和冷却后的茶汤置入雪克杯中；将15粒冰块置入钻石炫彩多棱杯中。

图12-1　葡萄红果的调配过程

（5）摇制　单手握紧雪克杯，利用腕力呈S型上下摇晃（同“不惑岩韵”），至冰块融化。

（6）做型　将摇匀后的饮品倒入钻石炫彩多棱杯中，并加入红心火龙果肉适当点缀，出成品。

（7）装点　最后，在钻石炫彩多棱杯周边放置2颗新鲜树莓点缀，也可以选择其他花材装点。

配伍解读　红心火龙果含有丰富的花青素，阿里山乌龙茶香高味醇，树莓氨基酸含量丰富（是苹果的10多倍）、滋味酸甜适中。因此，此饮品风味独特，功效丰富。

二、星空香柠

调配过程如图12–2所示。

扫码观看操作视频

配料

三杯香 5克　　百香果 25克（也可用1颗对半切开）

青柠 3颗（对半切开）　蜂蜜 20克

杏子酱 20克　　冰块 30粒

比例

茶 1∶20 水

主要用具

盖碗　公道杯　高竹节杯（480毫升）　冰块碗

雪克杯（550毫升）　冰块碗　配料蝶　茶荷

长柄咖啡匙　冰块夹　捣碎棒　茶匙

推荐饮用时间 春、夏季　　**搭配点心** 椰丝慕斯

调饮步骤

（1）**泡茶** 将5克三杯香放置盖碗内，沸水冲泡，浸泡2分钟，沥出茶汤，待用。

（2）**凉汤** 将盛有茶汤的公道杯放置于冰块碗中，冷却。

（3）**预调** 将3个半颗青柠加入雪克杯中，用捣碎棒捣碎至出汁。将20克蜂蜜和20克杏子酱分别加入雪克杯中。

图12-2　星空香柠的调配过程

（4）调配　将15粒冰块加入雪克杯中，再将25粒冰块、25克百香果果肉加入高竹节杯中。

（5）摇制　将冷却后的茶汤80毫升缓慢注入雪克杯中，单手握紧雪克杯，利用腕力呈S型上下摇晃（同前述案例），至冰块融化。

（6）做型　将摇匀的饮品缓慢注入高竹节杯中，再将剩余青柠加入高竹节杯中点缀做型，即可出成品。

配伍解读　此饮品的茶底选用香高汤亮的三杯香，搭配新鲜青柠、百香果与杏子酱，强化了饮品口感的酸适、鲜爽与高香，具有开胃开怀之效。

三、小莓好

调配过程如图12–3所示。

扫码观看操作视频

配料

阿里山乌龙茶 7克　　草莓酱 20克
冷冻杨梅（可用新鲜杨梅代替） 2颗
蜂蜜（可用糖浆代替） 10克
碎冰 1碗　　冰块 6粒

比例

干茶 1∶25 水

主要用具

盖碗　公道杯　雪克杯　冰块碗　茶荷　茶匙
咖啡匙　配料碟　冰块夹　马天尼三角杯（150毫升）

推荐饮用时间 夏、秋季　　**搭配点心** 奶油方块酥

调饮步骤

（1）**泡茶** 将7克阿里山乌龙茶置入盖碗中，沸水冲泡，浸泡2分钟沥出茶汤，待用。
（2）**凉杯** 在马天尼三角杯中加入适量冰块，待杯子冷却后倒出冰块。
（3）**凉汤** 将盛有茶汤的公道杯放置于有凉水及少量冰块的冰块碗中，快速冷却茶汤。
（4）**备料** 在马天尼三角杯中加入满杯碎冰和草莓酱20克。
（5）**预调** 在雪克杯中加入6粒冰块、10克蜂蜜和60毫升冷却的茶汤，盖紧雪克杯。

图12-3　小莓好的调配过程

（6）摇制　单手握紧雪克杯，利用腕力呈S型上下摇晃（同前述案例），至冰块融化。

（7）做型　将摇匀的饮品缓慢倒入马天尼三角杯中，并在杯口放置2粒冷冻杨梅点缀做型，即可出成品。

配伍解读　阿里山乌龙茶的外形紧结，色泽墨绿油润，茶汤兰花香显。此饮品用果肉酸甜的杨梅搭配香气清甜的乌龙茶汤，使杨梅的酸甜与阿里山乌龙的花香有效协同，酸香舒适，完成了味觉与嗅觉的绝妙搭配。

四、柚惑

调配过程如图12–4所示。

扫码观看
操作视频

配料

栀子红茶　3克　　雪碧　30毫升
西柚片　2片　　西柚果肉　18克（3块）
蜂蜜（可用糖浆代替）　8克　　冰块　15粒

比例

干茶　1∶35　水　　茶水　1∶2.2　雪碧

主要用具

盖碗　公道杯　分酒器　雪克杯（360毫升）
冰块碗　咖啡匙　配料碟　冰块夹　茶荷
捶纹香槟杯（180毫升）　长柄咖啡匙　茶匙

推荐饮用时间　夏、秋季　　**搭配点心**　综合手工饼

调饮步骤

（1）**泡茶**　将3克栀子红茶加入盖碗中，沸水冲泡，浸泡2分钟沥出茶汤，待用。

（2）**凉杯**　在捶纹香槟杯中加入适量冰块，待杯子冷却后倒出冰块。

（3）**装点**　在捶纹香槟杯中加入8粒冰块，接着将杯侧放于手中，将整片西柚对折加入杯中，并用长柄咖啡匙旋转杯内冰块及西柚片，使西柚片完全贴附于杯身。

图12-4 柚惑的调配过程

（4）凉汤 将盛有茶汤的公道杯放置在加有凉水及少量冰块的冰块碗中，快速冷却茶汤。

（5）预调 等待茶汤的同时，在雪克杯中加入6粒小的冰块，18克（3块）西柚果肉、8克蜂蜜、1片西柚及60毫升凉凉的茶汤，将雪克杯盖子合紧。

（6）摇制 单手握紧雪克杯，利用腕力呈S型上下摇晃（同前述案例），至冰块融化。

（7）做型 将30毫升雪碧注入捶纹香槟杯中，再将摇匀的饮品缓慢注入杯中，即可出成品。

配伍解读 将略带苦涩酸甜的西柚和香气馥郁的栀子红茶相调和，不仅滋味爽口，而且汤色迷幻。此饮品开胃消食，自然清新，且散发出健康的气息。

五、浅草

调配过程如图12-5所示。

配料

桂花乌龙茶　8克　　新鲜凤梨（切三角块）　30克（6片）

青柠檬汁　5毫升　　蜂蜜　5克

薄荷叶　1朵　　冰块　18粒

比例

干茶　1：20　水

主要用具

盖碗　公道杯　雪克杯（360毫升）　盎司杯

捣碎棒　冰块碗　配料碟　咖啡匙　茶荷

冰块夹　威士忌洋酒杯（300毫升）　茶匙

推荐饮用时间　夏、秋季　　**搭配点心**　果脯（杏子）

调饮步骤

（1）泡茶　将8克桂花乌龙茶置入盖碗中，沸水冲泡，浸泡2分钟沥出茶汤，待用。

（2）凉杯　在威士忌洋酒杯中加入适量冰块，待杯子冷却后倒出冰块。

（3）装点　等待茶汤的同时，在威士忌洋酒杯中加入冰块至2/3杯满，再加入新鲜凤梨3片贴住杯壁，利用冰块固定。

图12-5　浅草的调配过程

（4）凉汤　将茶汤沥出至公道杯中，随后放置在加有凉水及少量冰块的冰块碗中，快速冷却茶汤。

（5）调配　在雪克杯中加入3片新鲜凤梨捣碎；再依次加入6粒冰块、5毫升青柠檬汁、5克蜂蜜及60毫升冷却的茶汤，盖紧雪克杯。

（6）摇制　单手握紧雪克杯，利用腕力呈S型上下摇晃（同前述案例），摇制均匀即可沥出。

（7）做型　将摇匀的饮品倒入威士忌洋酒杯中，加入薄荷叶点缀做型，即可出成品。

配伍解读　将新鲜凤梨与桂花乌龙调和，并加入青柠檬汁来提升整杯饮品的风味，使其茶香馥郁，果香迷人。因而此饮品清新怡人，可消暑纳凉。

六、云露

调配过程如图12-6所示。

扫码观看操作视频

配料

铁观音 7克　荔枝浓浆 30毫升
雪碧 150毫升　柠檬片 2片
卷曲柠檬皮 1条　冰块 25粒

比例

干茶 1∶25 水　茶汤 2∶3 雪碧

主要用具

盖碗　公道杯　雪克杯（450毫升）　茶荷
冰块碗　分酒器　配料碟　玻璃执壶（500毫升）
冰块夹　红酒杯（380毫升）　茶匙

推荐饮用时间 夏季　**搭配点心** 香草小泡芙

调饮步骤

（1）**泡茶** 将7克铁观音置入盖碗中，沸水冲泡，闷泡2分钟沥出茶汤，待用。

（2）**凉杯** 等待茶汤的同时凉杯，在红酒杯中加入适量冰块，待杯子冷却后倒出冰块。

（3）**预调** 等待茶汤的同时，在红酒杯中加入20粒冰块和150毫升雪碧（装于玻璃执壶中）。

（4）**凉汤** 将茶汤沥出至公道杯中，随后放置在加有凉水及少量冰块的冰块碗中，快速冷却茶汤。

图12-6　云露的调配过程

（5）调配　在雪克杯中依次加入5粒冰块、30毫升荔枝浓浆、2片柠檬及80毫升冷却的茶汤，盖紧雪克杯。

（6）摇制　单手握紧雪克杯，利用腕力呈S型上下摇晃（同前述案例），至冰块融化。

（7）做型　将摇匀的饮品倒入红酒杯中，再加入卷曲柠檬皮点缀做型，即可出成品。

配伍解读　荔枝肉的剔透清凉与铁观音的馥韵幽香，融合出丝绸般的爽滑质感。此饮品不仅滋味鲜爽，香气浓醇，还有淡淡的老唱片般的念旧情怀。

第十三章 | 茶与奶调饮案例

从藏族游牧民族的酥油咸奶茶、阿拉伯人发明的甜奶茶，到经常提及的港式奶茶与台式奶茶的争论，再到新式茶饮，调饮茶的配伍灵活大胆，材料包罗万象。在奶与茶调饮中，茶是调饮的基底，奶是饮品的风格和功能的保障，糖是饮品的灵魂。在饮品的世界中，甜蜜的滋味一直是人类味蕾的图腾。

一、抹茶奶盖

调配过程如图13-1所示。

扫码观看操作视频

配料

注：配料为单杯调饮的用量（下同）

抹茶奶盖粉 50克
全脂牛奶（冰） 100毫升（包含抹茶茶汤中50毫升）
淡奶油 100克　　玫瑰盐 0.5克
抹茶粉（含点缀用粉） 5克　　白糖 7克
冰块 15粒

比例

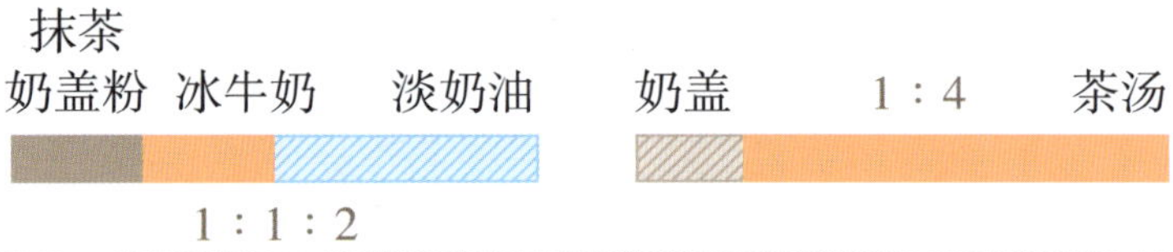

主要用具

郁金香玻璃杯（200毫升）　手持打蛋器　玻璃执壶
碾磨器　茶碗　茶筅　摇酒器　雪克杯（360毫升）
公道杯　玻璃碗　咖啡匙　冰箱

推荐饮用时间 全年　　**搭配点心** 蛋黄酥

调饮步骤

（1）预调　将50克抹茶奶盖粉、50毫升全脂牛奶、100克淡奶油、0.5克玫瑰盐依次放入玻璃碗中，搅拌至无粉粒状的混合物后，用手持打蛋器分别于低速挡搅打1分钟，高速挡搅打2分钟，低速挡再搅打2分钟，直至将奶盖打发至细腻黏稠状，放入冰箱冷藏待用。

图13-1　抹茶奶盖的调配过程

（2）泡茶　第一步调膏，在茶碗中加入4.5克抹茶粉，接着用玻璃执壶加入10毫升热水（90℃以上），使用茶筅将抹茶粉调匀至无粉粒状；第二步起沫饽，然后加入7克白糖，冲入100毫升热水，再次用茶筅击打均匀，起厚厚的沫饽待用。

（3）初调　在雪克杯中依次加入15粒冰块、60毫升待用的茶汤、50毫升冰牛奶，合盖。

（4）摇制　单手握紧雪克杯，利用腕力呈S型上下摇晃（同"不惑岩韵"），摇动均匀即可停止，为避免茶汤水味重，无需待冰块完全融化。

（5）做型　将摇匀后的茶汤倒入郁金香玻璃杯，同时需将泡沫过滤在雪克杯中，否则会影响成品的美观度；在饮品上方加入60毫升奶盖，用滤网撒入剩余的抹茶粉，以帮助饮品装点做型，即可出成品。

配伍解读　此饮品以抹茶的清新配伍牛奶的顺滑，不仅风味独特，营养丰富，还可以给人带来春的气息。品尝者可以先食用顶部的奶盖，再用吸管搅拌品尝底部的抹茶，仿佛置身于广袤的茶园中。

二、热巧克力奶盖茶

调配过程如图13-2所示。

扫码观看操作视频

配料

栀子红茶　10克　　热全脂牛奶　70毫升

热水　400毫升　　咸奶盖　60毫升

奥利奥饼干碎　少许　　热巧克力酱　30克

炼乳　10克　　糖浆　20克

彩虹巧克力糖豆　少许

比例

茶　1∶40　水

主要用具

虹吸壶　冰咖啡杯（500毫升）　公道杯　茶荷

酒精灯　长柄咖啡匙　调和杯　配料碟

冰块夹　打火机　茶匙

推荐饮用时间　秋、冬季　　**搭配点心**　奥利奥饼干

调饮步骤

（1）**煮茶**　将400毫升热水加入虹吸壶中，点燃酒精灯加热至煮沸。将10克栀子红茶置入虹吸壶沸水中煮1分钟，在煮茶过程中间断搅拌3次。

图13-2　热巧克力奶盖茶的调配过程

（2）预调　将20克糖浆、10克炼乳分别加入调和杯中，熄灭酒精灯。再将虹吸壶中煮好的茶汤倒入调和杯中，与糖浆、炼乳一起搅拌均匀。

（3）调配　将搅拌均匀的茶汤倒入冰咖啡杯中，将热全脂牛奶沿杯壁缓慢注入，再将30克热巧克力酱沿杯壁注入冰咖啡杯中。

（4）做型　在冰咖啡杯中铺入80毫升咸奶盖，将奥利奥饼干碎与彩虹巧克力糖豆加入冰咖啡杯中点缀做型，即可出成品。

配伍解读　热腾腾的奶茶与香浓的巧克力是冬季的标配，更是女性消费者的最爱。此饮品用栀子红茶、巧克力酱配伍热全脂牛奶，辅以奶盖的醇厚浓郁，甜香咸浓，让品尝者既可以享受美味又可以御寒。

三、白玉粉粉茶

调配过程如图13-3所示。

配料

熟普洱茶　5克	熟汤圆　9个
鲜牛奶　60毫升	黄豆粉　3克
咸奶盖　80毫升	淡奶油　60毫升
蜂蜜（可用糖浆代替）　10克	冰块　20粒

比例

茶　1∶16　水

主要用具

盖碗　威士忌浮雕杯（230毫升）　茶荷　茶匙
公道杯　刻度玻璃杯　配料碟　冰块碗
雪克杯（360毫升）　奶缸　竹签

推荐饮用时间　秋、冬季　　**搭配点心**　鲜花月饼

调饮步骤

（1）**泡茶**　将5克熟普洱茶放置盖碗内，沸水冲泡，浸泡2分钟沥出茶汤，待用。
（2）**凉杯**　在威士忌浮雕杯中加入适量冰块，待杯子冷却后倒出冰块。
（3）**预调**　先将6颗彩色熟汤圆加入威士忌浮雕杯中，再将4粒冰块加入其中。

图13-3 白玉粉粉茶的调配过程

（4）凉汤 茶出汤后置于冰块碗中冷却。

（5）摇制 将冰块16粒加入雪克杯中，再依次将5克蜂蜜、60毫升鲜牛奶与60毫升冷却后的茶汤分别加入雪克杯中，单手握紧雪克杯，利用腕力呈S型上下摇晃（同前述案例），摇动均匀即可停止，为避免茶汤水味重，无需待冰块完全融化。

（6）做型 将调匀的茶汤缓慢倒入威士忌浮雕杯中至8分满，将淡奶油和咸奶盖平铺于茶汤上至杯口的位置，用竹签穿3颗彩色透明熟汤圆置于杯口做型，撒上黄豆粉点缀，即可出成品。

配伍解读 此饮品以熟普洱茶独特的陈香为基础，整体厚重而层次分明，顶部是芝麻汤圆的晶莹细腻，上部是奶油的浓郁香甜，下部是熟普洱茶的发酵陈香。饮品口感丰富，滋味纯净顺滑。

四、茉香麦椰圆子茶

调配过程如图13-4所示。

配料

茉莉花茶　4克	椰奶　130毫升
熟燕麦　50克	奥利奥饼干碎　少许
熟小圆子　35克	淡奶油　50克
冰块　10粒	

比例　茶　1：20　水

主要用具　盖碗　易拉罐造型杯（380毫升）　公道杯　刻度玻璃杯　配料碟　奶缸　茶荷　冰块碗　长柄咖啡匙　冰块夹　茶匙

推荐饮用时间　春、夏季　　**搭配点心**　双果司康

调饮步骤

（1）泡茶　沸水冲泡茉莉花茶4克，第一道浸泡时间2分钟出汤，第二道再次浸泡2分钟，将两道茶汤混合，取得茶汤200毫升。

（2）凉杯　在易拉罐造型杯中加入适量冰块，待杯子冷却后倒出冰块。

图13-4 茉香麦椰圆子茶的调配过程

（3）预调 将35克熟小圆子、50克熟燕麦、130毫升椰奶分别加入易拉罐造型杯中，稍作整理。

（4）凉汤 将茶汤置于冰块碗中冷却。

（5）调配 将茶汤加入易拉罐造型杯中。

（6）做型 在茶汤上铺满淡奶油，在淡奶油上撒入奥利奥饼干碎点缀，即可出成品。

配伍解读 此饮品选用香气十足的茉莉茶汤、富含膳食纤维的燕麦与甜品界的"一姐"椰奶汁配伍，奶油香伴随清雅的茉莉香和浓郁的椰香，使饮品的香气和丰度十足，软糯的燕麦和小圆子，不仅满足消费者的味觉，而且营养健康、充满活力。

第十四章　茶与花草、谷物的调饮案例

古今中外，皆有以花草入饮的习俗，花草在功能作用上各有特点。比如清热解毒的金银花，清凉去火的菊花，美容养颜的玫瑰，排毒养颜的桂花等都为饮品研发提供了良好的素材。茶与花草的搭配使茶感醇厚甘润，汤色清澈透亮，花韵持久。芋头、紫薯、地瓜、燕麦、黄豆等五谷杂粮与茶搭配调饮时，显现出圆润饱满、香甜浓郁、甜而不腻的优势。调饮饮品以茶与花草、谷物配伍，具有颜值高、口感独特、功能强等特点，市场前景广阔。

一、牡丹荟萃

调配过程如图14-1所示。

扫码观看操作视频

配料

注：配料为单杯饮品的用量（下同）

白牡丹新茶 5克	芦荟果肉 200克
青柠 3颗（对半切开）	黑枸杞 1.5克
蜂蜜 10克	冰块 30粒

比例

茶 1：20 水

主要用具

玻璃盖碗	公道杯	冰美式咖啡杯（500毫升）	
长柄咖啡匙	配料碟	雪克杯（550毫升）	捣碎棒
冰块碗	冰块夹	茶荷	茶匙

推荐饮用时间 春、夏季　　**搭配点心** 杏仁饼干

调饮步骤

（1）泡茶　预先将1.5克黑枸杞冷水泡30秒，备用；将白牡丹新茶放置在玻璃盖碗内，沸水冲泡，浸泡2分钟沥出茶汤，待用。

（2）预调　在雪克杯中加入3个半颗青柠，用捣碎棒捣碎出汁。

（3）凉汤　将茶汤置于冰块碗中冷却。

（4）凉杯　在冰美式咖啡杯中加入适量冰块，待杯子冷却后倒出冰块。

图14-1　牡丹荟萃的调配过程

（5）调配　将10粒冰块加入雪克杯中，将10克蜂蜜、80毫升冷却的茶汤加入雪克杯中。

（6）摇制　单手握紧雪克杯，利用腕力呈S型上下摇晃（同“不惑岩韵”），至冰块融化。

（7）做型　将200克芦荟果肉加入冰美式咖啡杯中，再加入20粒冰块，在冰块上放置3个半颗青柠，利用冰块定形。再将摇匀的饮品倒入冰美式咖啡杯中。

（8）装点　沿杯壁和中间注入预先浸泡好的黑枸杞汤，即可出成品。

配伍解读　芦荟含多糖和多种维生素，具有杀菌抗炎的作用，是美颜和减肥的佳品。此饮品以芦荟、白牡丹新茶、青柠配伍，清新爽口，功能丰富，而黑枸杞蓝，使饮品更显高贵梦幻。

二、蝶舞晚芳

调配过程如图14-2所示。

配料 香菇寮白毫绿茶（可用三杯香绿茶代替） 4克

熟银耳 110克　　玫瑰花茶冻 90克

玫瑰花酱 15克　　玫瑰茄 1朵

冰块 8粒　　可食用干玫瑰花瓣 5克

冻万物粉 50克

比例 茶 1∶25 水

主要用具 盖碗　高脚竹节杯（480毫升）

冰块碗　配料碟　刻度玻璃杯　公道杯

长柄咖啡匙　冰块夹　茶荷　茶匙

推荐饮用时间 春、夏季　　**搭配点心** 鲜花饼

调饮步骤

（1）**玫瑰花冻制作** 先加热500毫升纯净水，再倒入冻万物粉，均匀混合；放入可食用干玫瑰花瓣，混合均匀；冷藏3小时后切小块备用。

图14-2　蝶舞晚芳的调配过程

（2）泡茶　预先用沸水浸泡玫瑰茄，取玫瑰茄茶汤30毫升备用。沸水冲泡香菇寮白毫绿茶，浸泡2分钟，沥出茶汤，待用。

（3）凉杯　在高脚竹节杯中加入适量冰块，待杯子冷却后倒出冰块。

（4）预调　将90克玫瑰花茶冻、110克熟银耳整齐地加入高脚竹节杯。

（5）凉汤　将茶汤置于冰块碗中冷却。

（6）调配　将8粒冰块、80毫升冷却后茶汤注入高脚竹节杯，将玫瑰茄茶汤淋入杯中。

（7）做型　将15克玫瑰花酱加入高脚竹节杯中，搅拌均匀，即可出成品。

配伍解读　鲜花是美丽又营养的食品，鲜花入食也是许多少数民族的习俗。银耳具有养颜、润肺和开胃的功效。玫瑰花香气淡雅，具有缓解情绪、理气养血、疏肝去火的功效。香菇寮白毫绿茶色泽翠绿，香气扑鼻。此饮品的配伍巧妙地利用原料色香味形之妙，使饮品甜香扑鼻、滋味甘美，兼具高颜值和高品质。

三、红糖香芋

调配过程如图14-3所示。

配料　浦江东坪高山绿茶（可用普通圆炒青）　5克

熟芋头块　50克　　熟芋泥　40克

红糖糖浆　20克　　黑枸杞　1.5克

冰块　20粒

比例　茶　1∶20　水

主要用具　盖碗　易拉罐造型杯（380毫升）　公道杯　茶荷　冰块碗　长柄咖啡匙　配料碟　冰块夹　茶匙

推荐饮用时间　秋、冬季　　**搭配点心**　奶油泡芙

调饮步骤

（1）泡茶　预先将1.5克黑枸杞冷水泡30秒，取30毫升黑枸杞汤。沸水冲泡浦江东坪高山绿茶，浸泡2分钟，沥出茶汤，待用。

（2）凉杯　在易拉罐造型杯中加入适量冰块，待杯子冷却后倒出冰块。

（3）预调　将50克熟芋头块平铺在易拉罐造型杯中，在熟芋头块上放置20粒冰块，再平铺40克熟芋泥。

图14-3　红糖香芋的调配过程

（4）凉汤　将茶汤置于冰块碗中冷却。

（5）调配　将20克红糖糖浆沿造型杯壁均匀淋入杯中，将冷却后的茶汤缓慢注入易拉罐造型杯中。

（6）做型　将30毫升黑枸杞汤淋入杯中装点，即可出成品。

配伍解读　此饮品以绿茶的清爽搭配带有颗粒感的绵密芋泥，滋味浓郁，营养丰富，同时以黑枸杞的蓝调营造氛围，极具时尚感。

第十五章 茶与茶调饮案例

茶与茶拼配是指将两种及两种以上特性或产地不一，但具有一定共性或互补的茶叶，进行适度拼配组合的方式。茶与茶的拼配需要通过感官经验和拼配技术实现不同茶饮特色的完美融合，择其所长，或美其形，或匀其色，或提其香，或浓其味。此类调饮在实践中存在技术难度，但同时也存在一定的市场需求，因而其技术挑战性与市场机会并存。

一、双茶记

调配过程如图15–1所示。

扫码观看操作视频

配料

注：配料为单杯饮品的用量（下同）

茉莉红茶　5克	台湾红乌龙　3克
红石榴糖浆　10毫升	新鲜柠檬片　2片
冰块　30粒	新鲜薄荷叶　1朵

比例

茶　1∶13　水

主要用具

盖碗	公道杯	冰块碗	雪克杯（550毫升）
冰块夹	长柄咖啡匙	配料碟	捣碎棒
高脚红酒杯（360毫升）2只		茶荷	茶匙

推荐饮用时间　随饮　　**搭配点心**　茶味果冻

调饮步骤

（1）泡茶　将茉莉红茶5克和台湾红乌龙3克混合，沸水冲泡，浸泡2分钟，沥出茶汤，待用。

（2）预调　将10毫升红石榴糖浆、2片新鲜柠檬片（用捣碎棒捣碎柠檬果肉，不破坏果皮）加入雪克杯中。

（3）凉杯　在高脚红酒杯中加入适量冰块，待杯子冷却后倒出冰块。

（4）凉汤　将茶汤置于冰块碗中冷却。

图15-1 双茶记的调配过程

（5）预调 将25粒冰块加入雪克杯中，高脚红酒杯中各分别加入6粒冰块，冷却后的茶汤倒入雪克杯中。

（6）摇制 单手握紧雪克杯，利用腕力呈S型上下摇晃（同“不惑岩韵”），摇动均匀即可停止，为避免茶汤水味重，无需待冰块完全融化。

（7）做型 将摇匀的饮品倒入高脚红酒杯中，用新鲜薄荷叶点缀，即可出成品。

配伍解读 茉莉红茶外形秀美，毫峰显露，香气浓郁，鲜灵持久，泡饮鲜醇爽口，不仅为良好的高香饮料，且有一定的药理功效；台湾红乌龙的茶汤呈现橙红色，色泽如红茶，但口感仍然保持乌龙茶醇厚甘爽的滋味。此饮品完美融合了茉莉红茶的香气和乌龙茶的口感，色泽清新诱人。

二、红豆果冻茶

调配过程如图15-2所示。

配料

白牛丹新茶　4克
红乌龙茶冻　110克
熟红豆　70克
椰奶　70克
冻万物粉　50克
红乌龙茶　6克
冰块　4粒（不包含冷却茶汤的冰块）

比例

茶　1∶25　水

主要用具

盖碗　公道杯　威士忌浮雕杯（230毫升）
长柄咖啡匙　配料碟　冰块夹　刻度玻璃杯
茶荷　茶匙　冰块碗

推荐饮用时间　随饮

调饮步骤

（1）**制茶冻**　第一步用盖碗冲泡6克红乌龙茶得500毫升茶汤，第二步将冻万物粉加入茶汤中搅拌均匀（可将茶汤加热后进行混合），第三步冷藏3小时后切小块备用。

（2）**泡茶**　沸水冲泡白牡丹新茶，浸泡2分钟，沥出茶汤，待用。

图15-2　红豆果冻茶的调配过程

（3）凉杯　在威士忌浮雕杯中加入适量冰块，待杯子冷却后倒出冰块。

（4）预调　将110克红乌龙茶冻平铺于威士忌浮雕杯中，将70克熟红豆平铺于红乌龙茶冻上，再加入4粒冰块。

（5）凉汤　将公道杯放置在冰块碗中，快速冷却茶汤。

（6）做型　将冷却后的茶汤30毫升缓慢倒入威士忌浮雕杯中，加入椰奶做型，即可出成品。

配伍解读　香滑嫩爽的红乌龙茶冻，色如琥珀，晶莹透亮，口感软弹爽脆；茶汤清澈呈杏黄色，茶味甘醇清新，具有润肺清热的功效；熟红豆香甜软糯，能够除热毒，消胀满；椰奶更提升饮品清新香甜的口感。此饮品果肉饱满，口感香甜，视觉丰满。

三、桂花糖茶

调配过程如图15–3所示。

配料

桂花乌龙　5克　　岩茶　5克
自制红糖糖浆　40克　　干桂花　少许
冰块　20粒（不包含冷却茶汤的冰块）　　鲜牛奶　100毫升

比例

茶　1∶13　水

主要用具

盖碗　公道杯　刻度玻璃杯　咖啡匙
日本磨砂玻璃杯（300毫升）　雪克杯（360毫升）
配料碟　冰块碗　冰块夹　茶荷　茶匙

推荐饮用时间　秋、冬季

调饮步骤

（1）泡茶　将桂花乌龙5克和岩茶5克混合，沸水冲泡，浸泡2分钟沥出茶汤，待用。
（2）凉汤　将茶汤置于冰块碗中冷却。
（3）凉杯　在日本磨砂玻璃杯中加入适量冰块，待杯子冷却后倒出冰块。
（4）预调　将15粒冰块加入雪克杯中，将80毫升冷却后的茶汤缓慢注入雪克杯中。

图15-3　桂花糖茶的调配过程

（5）摇制　单手握紧雪克杯，利用腕力呈S型上下摇晃（同前述案例），至冰块融化。

（6）调配　在日本磨砂玻璃杯中加入5粒冰块，再将调匀的饮品和100毫升鲜牛奶依次注入杯中。

（7）做型　将40克自制红糖糖浆淋入日本磨砂玻璃杯中，并撒上干桂花点缀，即可出成品。

配伍解读　茶与桂花融合，香气袅袅，茶汤甘甜。此饮品口感极佳，性味平衡，尤其适合脾胃虚寒的人饮用。

第十六章 茶的多种搭配调饮案例

调饮茶是我国传统饮茶方式之一，最早为羹茶，即在茶汤里添加葱、姜、盐、奶酪等配料加以调制。至今，已演化发展为在茶汤中添加薄荷、柠檬、牛奶、白糖、枸杞、菊花等配料，以饮为主；或者在茶汤中加入炒米、花生、芝麻等食品，则是吃喝兼得。无论是以饮为主还是吃喝兼得的方式都在不断地丰富调饮茶的实践。

一、粉桃桃

调配过程如图16-1所示。

配料 注：配料为单杯饮品的用量（下同）

红乌龙 7克　水蜜桃酵素树莓酱 25毫升

冰块 20粒　新鲜树莓 2颗（用竹签串起）

比例

茶 1∶12 水

主要用具

盖碗　锤纹高脚八棱杯（180毫升，2只）　冰块碗

刻度玻璃杯　雪克杯（360毫升）　公道杯

冰块夹　茶荷　茶匙　配料碟　咖啡匙

推荐饮用时间 随饮

调饮步骤

（1）**泡茶** 将红乌龙7克放置盖碗内，沸水冲泡，浸泡2分钟沥出茶汤，待用。

（2）**凉汤** 将茶汤置于冰块碗中冷却。

（3）**凉杯** 在锤纹高脚八棱杯中加入适量冰块，待杯子冷却后倒出冰块。

（4）**预调** 依次将15粒冰块、25毫升水蜜桃酵素树莓酱加入雪克杯中，80毫升冷却后的茶汤缓慢倒入雪克杯中。

图16-1　粉桃桃的调配过程

（5）摇制　单手握紧雪克杯，利用腕力呈S型上下摇晃（同“不惑岩韵”），摇动均匀即可停止，为避免茶汤水味重，无需待冰块完全融化。

（6）做型　将调好的饮品注入锤纹高脚八棱杯中，在杯口放置用竹签串好的新鲜树莓装点，即可出成品。

配伍解读　红乌龙茶兼具红茶和乌龙茶的品质特征，甘醇爽滑，果香馥郁，汤色橙红。此饮品将红乌龙茶与酵素、树莓搭配，既提升饮品的口感，又增加其颜值，具有清热解暑，养颜消斑等功效。

二、鸳鸯茶

调配过程如图16-2所示。

扫码观看
操作视频

配料

大红袍 7克

手冲咖啡（事先冲好，置于刻度玻璃杯中待用） 200毫升

新鲜柠檬片 4片　　雪碧 130毫升

鲜山楂 半颗　　冰块 35粒

红糖糖浆 30克

比例

茶 1：16 水

主要用具

盖碗	冰美式咖啡杯（500毫升）		刻度玻璃杯
配料碟	公道杯	茶荷	茶匙
冰块碗	雪克杯（550毫升）	冰块夹	长柄咖啡匙

推荐饮用时间 随饮

调饮步骤

（1）泡茶 沸水冲泡大红袍，浸泡2分钟，将茶汤冲入盛有红糖糖浆的公道中，稍做搅拌。

图16-2　鸳鸯茶的调配过程

（2）凉杯　在冰美式咖啡杯中加入适量冰块，待杯子冷却后倒出冰块。

（3）装点　将20粒冰块加入冰美式咖啡杯中，并稍做整理；将3片新鲜柠檬片贴于杯壁，利用冰块固定做型。

（4）预调　将冲泡好的咖啡缓慢倒入雪克杯中，再将15粒冰块、1片新鲜柠檬片加入雪克杯中，将80毫升冷却后的茶汤加入雪克杯。

（5）摇制　单手握紧雪克杯，利用腕力呈S型上下摇晃（同前述案例），摇动均匀即可停止，为避免茶汤水味重，无需待冰块完全融化。

（6）调配　将摇匀的饮品缓慢倒入冰美式咖啡杯中，再将130毫升雪碧均匀倒入咖啡杯。

（7）做型　在杯口放置半颗鲜山楂点缀，即可出成品。

配伍解读　茶的高香鲜爽令人愉悦，茶中的维生素与矿物质有利于健康。但单一茶的口感，对于爱咖啡的年轻群体而言略显平淡。此饮品用具有咖啡香韵的大红袍与咖啡相调和，既有咖啡的香味又有茶的韵味，符合时尚族的品饮审美。

三、橘香陈皮白

调配过程如图16-3所示。

配料

老寿眉白茶 7克	当年陈皮 1朵
蜂蜜（可用糖浆代替） 10克	玫瑰花酱 5克
青柠 4颗（对半切开）	冰块 30粒

比例

茶 1∶70 水

主要用具

提梁壶（600毫升）	长柄咖啡匙	配料碟
易拉罐造型杯（380毫升）		冰块碗
雪克杯（360毫升）	冰块夹	煮茶壶

推荐饮用时间 随饮

调饮步骤

（1）煮茶 用煮茶壶将300毫升纯净水煮开，加入7克老寿眉白茶和1朵当年陈皮，持续煮5分钟关火，取出茶汤备用。

（2）凉汤 将煮好的茶汤倒入提梁壶中冷却备用。

图16-3　橘香陈皮白的调配过程

（3）预调　将4个半颗青柠加入雪克杯中，用捣碎棒挤压青柠；将5克玫瑰花酱、10克蜂蜜分别加入雪克杯中；再加入10粒冰块和200毫升冷却后的茶汤。

（4）摇制　单手握紧雪克杯，利用腕力呈S型上下摇晃（同前述案例），至冰块融化。

（5）凉杯　在易拉罐造型杯中加入适量冰块，待杯子冷却后倒出冰块。

（6）做型　加入20粒冰块，再将4个半颗青柠加入易拉罐造型杯中；将雪克杯中摇匀的茶汤缓慢注入造型杯中，即可出成品。

配伍解读　在调饮茶市场，健康、品质和时尚元素永远都是需要综合考量的主题。此饮品以5年老寿眉白茶为基底，强化润肺清热的健康诉求，备受消费者青睐。

附录　调饮茶成分分析

为使调配者对上述七类调饮茶中的有效成分有所了解，作者委托专业机构对20个调饮茶样品进行了检测，结果如附表所示。

附表　调饮茶成分分析表

序号	样品名	表没食子儿茶素没食子酸酯（EGCG）含量/（微克/毫升）	表儿茶素没食子酸酯（ECG）含量/（微克/毫升）	茶氨酸含量/（微克/毫升）	多酚总量/（微克/毫升）	可溶性固形物含量/%
1	不惑岩韵	105.34	17.64	5.88	226.76	6.04
2	永恒的美	131.64	96.87	181.96	947.80	5.57
3	金秋	68.17	117.39	4.03	391.90	4.39
4	清平调	383.09	114.23	57.96	348.04	12.51
5	糖印年代	11.51	16.69	5.12	149.19	0.73
6	冰菊物语	37.41	1.44	41.87	215.92	2.43
7	龙井 spritz	62.86	17.93	27.30	173.91	4.88
8	青花	75.61	38.87	85.62	286.12	3.28
9	玫瑰人生	0	0	＜0.01	181.22	1.67
10	只若初见	5.70	23.62	73.96	396.04	1.79
11	意阑珊	45.42	17.61	114.14	677.21	8.64
12	风吹麦浪	77.41	15.99	24.45	385.73	16.14
13	赤霞	46.40	13.70	11.21	354.74	9.18
14	摇翠	289.03	98.71	67.61	1408.08	4.95
15	小红唇	15.82	10.19	18.04	275.59	4.28
16	小霉好	53.92	4.79	30.78	267.00	14.31
17	柚惑	9.82	0	29.41	232.06	2.70
18	浅草	19.68	7.61	22.20	212.88	1.67
19	云露	30.09	0	3.27	145.30	2.94
20	抹茶奶盖	167.75	29.24	297.44	595.95	3.73

数据来源：中华全国供销合作总社杭州茶叶研究院食品技术研究所。

后记

2014年，中华全国供销合作总社杭州茶叶研究院食品技术研究团队与泸州老窖股份有限公司总工程师沈才洪教授联合研制了一款茶酒。为了更好地推广并彰显此款茶酒独有的风味和品质特征，笔者与素业茶院创办人陈燚芳女士商讨茶艺与酒道结合的可能性和结合方式，设计出了茶艺衍生教程——茶酒调饮教育培训方案，并已完成15期培训，取得了良好的行业反响。基于上述实践的积累和思考，我们构思编写一部关于调饮茶方面的图书，即《调饮茶理论与实践》的雏形。在查阅文献时未发现较为系统的相关研究成果，我们从基础概念、原则、分类等方面着手梳理，并深入研究调饮茶产业发展存在的问题与对策、面临的消费者需求、调饮案例等，试图为调饮茶的发展做些基础工作。

在当前经济双循环体系构建和全球新冠肺炎疫情的背景之下，中国茶业发展也具有双循环特征，一个是基于消费驱动的内销和外销的循环，另一个是基于科技驱动的现代茶和传统茶的循环；茶产业发展面临更多的竞争性整合，产业发展将会被多元的消费需求所取代；随着人们健康意识的增加，产业发展将由休闲性消费向刚性消费转变。

调饮茶产品的设计，需要基于茶文化但不拘泥，文化元素的基调将更加清新，传递时尚的力量；源于茶功能但不墨守，做外源性的功能强化与协同。茶业的供给侧结构性改革，应立足全产业链创新，从供给侧优化生产资料配送、流通、使用等关键环节，供给优质需求。以茶资源的健康价值为基点，制造技术创新为核心，创新品饮方式与终端产品形态，多界面产业融合，充分挖掘独有的产业资源。就茶业而言，优质生态环境、独特的文化底蕴、风味特征和功能特质都是具有开发价值的产业资源。

本书稿的形成实属不易。感谢中华全国供销合作总社杭州茶叶研究院食品技术研究所朱跃进研究员等给予的技术指导、产业发展研究所王盈峰所长等对书稿框架给予的系统性建议；感谢素业茶院团队为调饮茶实例所做的倾情演绎；感谢江南大学商学院山丽杰教授对消费者行为研究提供了翔实的调研数据。

特别致谢中国工程院院士刘仲华教授、云南农业大学校长盛军教授、浙江大学茶叶研究所所长王岳飞教授，他们于百忙中给本书作序，殷殷关切与呵护之情溢于言表，让笔者深受感动且定将受益终生。

此书付梓之际，发生了两个重磅事件。其一是调饮茶产业政策层面利好，2021年1月15日，国家人力资源和社会保障部发布公告，拟新增调饮师（职业编码：4-03-02-10）等18个职业，将调饮师定义为对茶叶、水果、奶及其制品等原辅料通过色彩搭配、造型和营养成分配比等完成口味多元化调制饮品的人员。其二是调饮茶产业资本层面利好，2021年2月11日，作为新茶饮的代表——“奈雪的茶”正式启动港交所上市流程。这些利好事件将会谱写出调饮茶产业的新篇章，助推我国茶行业的高质量发展。

张士康